内燃机先进技术译丛

大批量生产发动机的优化开发过程

——缩短内燃机研发时间

[德] 鲁道夫·梅内（Rudolf Menne）
曼弗雷德·雷克斯（Manfred Rechs） 著

倪计民团队 译

机 械 工 业 出 版 社

本书源于德国亚琛大学的同名课程，示范性地介绍了内燃机开发过程。而其开发过程和模型差不多都可以运用到大批量生产的产品开发中。本书阐述了如何通过各个过程的优化，不仅在内部的研发与制造，同样在系统供应方面对过程进行改善，以实现创新性的价值。本书主要内容包括开发流程概述、项目规划和产品前期开发、量产开发以及对未来的展望。本书适合内燃机产品开发人员以及开发项目管理人员阅读参考，也可供相关专业本专科学生参考使用。

Translation from the German language edition:
Optimierte Prozesse für die Großserie
Reduzierte Entwicklungszeiten bei Verbrennungsmotoren
by Rudolf Menne and Manfred Rechs

图书在版编目（CIP）数据

大批量生产发动机的优化开发过程：缩短内燃机研发时间/（德）鲁道夫·梅内（Rudolf Menne），（德）曼弗雷德·雷克斯（Manfred Rechs）著；倪计民团队译. —北京：机械工业出版社，2021.2
（内燃机先进技术译丛）
ISBN 978-7-111-67285-2

Ⅰ.①大… Ⅱ.①鲁… ②曼… ③倪… Ⅲ.①内燃机－研制－业务流程 Ⅳ.①TK4

中国版本图书馆 CIP 数据核字（2021）第 015628 号

机械工业出版社（北京市百万庄大街 22 号　邮政编码 100037）
策划编辑：孙　鹏　责任编辑：孙　鹏　刘　煊
责任校对：梁　静　封面设计：鞠　杨
责任印制：郜　敏
盛通（廊坊）出版物印刷有限公司印刷
2021 年 2 月第 1 版第 1 次印刷
169mm×239mm · 10.5 印张 · 2 插页 · 214 千字
0 001—1 500 册
标准书号：ISBN 978-7-111-67285-2
定价：99.00 元

电话服务　　网络服务
客服电话：010-88361066　机　工　官　网：www.cmpbook.com
010-88379833　机　工　官　博：weibo.com/cmp1952
010-68326294　金　书　网：www.golden-book.com
封底无防伪标均为盗版　机工教育服务网：www.cmpedu.com

从书序

我国的内燃机工业在几代人前仆后继的努力下，已经取得了辉煌的成绩。从1908年中国内燃机工业诞生至今的一百多年里，中国内燃机工业从无到有，从弱到强，走出了一条自强自立、奋发有为的发展道路。2017年，我国内燃机产量已突破8000万台，总功率突破26.6亿千瓦，我国已是世界内燃机第一生产大国，产量约占世界总产量的三分之一。

内燃机是人类历史上目前已知的效率最高的动力机械之一。到目前为止，内燃机是包括汽车、工程机械、农业机械、船舶、军用装备在内的所有行走机械中的主流动力传统装置，但内燃机目前仍主要依靠石油燃料工作，每年所消耗的石油占全国总耗油量的60%以上。目前，我国一半以上的石油是靠进口，国家每年在石油进口上花费超万亿美元。国务院关于《"十三五"节能减排综合工作方案》的通知已经印发，明确表明将继续狠抓节能减排和环境保护。内燃机是目前和今后实现节能减排最具潜力、效果最为直观明显的产品，为实现我国2030年左右二氧化碳排放达到峰值且将努力早日达峰的总目标，内燃机行业节能减排的责任重大。

如何推进我国内燃机工业由大变强？开源、节流、高效！"开源"就是要寻求石油替代燃料，实现能源多元化发展。"节流"应该以降低油耗为中心，开展新技术的研究和应用。"高效"是指从技术、关联部件、总成系统的角度出发，用智能模式全方位提高内燃机的热效率。我国内燃机的热效率从过去不到20%提升至汽油机超30%、柴油机超40%、先进柴油机超50%，得益于包括燃油喷射系统、电控、高压共轨、汽油机缸内直喷、增压系统、废气再循环等在内的先进技术的研究和应用。除此之外，降低发动机本身的重量，提高功率密度和体积密度也应得到重视。完全掌握以上技术对我国自主开发能力具有重要意义，也是实现我国由内燃机制造大国向强国迈进的基础。

技术进步和技术人员队伍的培养不能缺少高水平技术图书的知识传播作用。但遗憾的是，近十几年，国内高水平的内燃机技术图书品种较少，不能满足广大内燃机技术人员日益增长的知识需求。为此，机械工业出版社以服务行业发展为使命，针对行业需求规划出版"内燃机先进技术译丛"，下大力气，花大成本，组织行业内的专家，引进翻译了一批高水平的国外内燃机经典著作。涵盖了技术手册、整机技术、设计技术、测试技术、控制技术、关键零部件技术、内燃机管理技术、流程管理技术等。从规划的图书看，都是国外著名出版社多次再版的经典图书，这对于我国内燃机行业技术的发展颇具借鉴意义。

据我了解，"内燃机先进技术译丛"的翻译出版组织工作中，特别注重专业性。参与翻译工作的译者均为在内燃机专业浸淫多年的专家学者，其中不乏知名的行业领军人物和学界泰斗。正是他们的辛勤工作，成就了这套丛书的专业品质。年过8旬的高宗英教授认真组织、批阅删改，反复修改的稿件超过半米高；75岁的范明强教授翻译3本，参与翻译1本；倪计民教授在繁重的教学、科研、产业服务之余，组织翻译6本德文著作。翻译人员对于行业的热爱，对知识传播和人才培养的重视，体现出了我国内燃机专家乐于奉献、重视知识传承的行业作风！

祝陆续出版的“内燃机先进技术译丛”取得行业认可，并为行业技术发展起到推动作用！

何光远

译者的话

在多年的科研和教学以及对外交流合作中发现：我们有良好的国家产业政策；国家和汽车企业资金实力雄厚，收购国外著名汽车企业都不在话下；企业也不缺少CAX软件；研发试验设备和产品制造设备更是与世界先进技术同步；国家的优惠政策吸引了一批批留学的顶尖人才。那么，为何我们研发的产品性能和质量仍与世界先进的水平有一定的差距？带着这些问题，对国内外科研院校和企业进行持续的研究分析和亲身体验，觉得产品开发流程和方法是关键因素之一。

2004～2005年在德国柏林工大做高访时发现了这本书，觉得具有很高的参考价值，回国后就开始组织翻译。但由于工作较忙，校对所需时间长（需要二校），而通常都希望译著出版与原著出版时间间隔不超过5年。所以，初稿翻译后也就搁置了，仅作为本团队内部的科研和教学参考资料。

几年前与机械工业出版社孙鹏先生有了交流，尤其是在2014年，也就是这本书出版15年后，在德国居然再次印刷出版（原版，没有修改），可以想象这本书的价值所在。既然我们的汽车工业制造水平“落后人家30年”，那么，20年后中译版出版也还不算晚吧？况且虽然技术在进步，但是知识是需要积累的。

本书的出版，要特别感谢孙鹏先生，他的鼓励、支持使得我在多少次想放弃后，还是被感动了，下定决心完成出版工作。他精心组织、找资源、申请版权，他所做的许许多多出版流程必需的工作，使得本书的出版工作顺利进行。

本书由同济大学汽车学院汽车发动机节能与排放控制研究所倪计民教授团队负责翻译，其中：洪诚（现在德国ZF Friedrichshafen AG. 工作）翻译正文1/2左右；万欣［现在中国专利代理（香港）有限公司工作］翻译正文1/2左右；倪计民翻译图片文字以及其他内容。全书由倪计民校对。

特别感谢原机械工业部何光远老部长为本书（译丛）作序。近五年来，与何老部长见面的机会不少，说起来与何老部长还真有缘分。自20世纪80年代起，何部长一直提倡甲醇作为发动机的代用燃料。1986年，我的硕士学位论文就是有关纯甲醇发动机的性能与排放研究。而三十年后，我也有两位博士生选择了醇类代用燃料发动机作为研究方向。何老部长的关于“中国汽车工业的发展在于自主开发，而自主开发的关键是零部件”指明了中国汽车和内燃机工业的发展方向。何老部长为本丛书作序，不仅是对我这个晚辈的关爱和鼓励，更是对致力于内燃机工业发展的业内同行们的支持。

感谢同济大学汽车学院汽车发动机节能与排放控制研究所石秀勇副教授和团队的所有成员（已毕业和在校的博士生、硕士生）为团队的发展以及本书的出版所做出的贡献。

感谢我的太太汪静和儿子倪一翔，我们之间的相互支持是彼此共同成长的动力。同样感谢家人对我的支持和鼓励！

倪计民

前　言

客户需求的不断变化、新的市场和技术的发展以及全球化程度的提高，导致日趋强烈的动态化，需要灵活的、不断与之相适应的企业流程。将顾客的需求作为构建企业流程的决定性力量的必要性，不仅是强制性的基本前提，而且必须首先将其作为机遇来看待。

从长远来看，只有那些能够在全球竞争中不断精确地满足客户需求的公司才能继续存在。这不仅适用于像北美和欧洲这类已趋于高度饱和的“成熟市场”，也同样适用于刚开始踏进工业化门槛的“新兴市场”。

如果说直到不久前，企业的竞争力主要是通过质量、成本、价格结构显示出来的话，那么在将来，像创新、系统集成和开发速度这类因素，可以创新性地转换到用户取向的产品中，将起到决定性的作用。

来自于福特公司研发工作的结果的文献表明：借助于在企业流程战略层面的同步开发流程的集成化，加速从概念到成品的转换，就此可以占据市场竞争中决定性的优势地位。

除了合作取向的流程构建，生产性的、流程需要的通信结构显得尤为重要。但仅仅是融入已建立好的进程或结构中是不够的，更重要的是在团队中实现极为有效的协调并坚定不移地得到应用。对这个团队决策而言，要避免太多的等级层面。减少决策层的数量，可使员工们同时在“当地”获得更多的职能。

本书来源于德国亚琛工业大学的同名课程，示范性地介绍了内燃机的开发过程。而其开发过程和模型差不多都可以应用到其他大批量生产的产品开发中。本书阐述了如何通过各个流程的优化，不仅企业内部的研发与生产加工，同样在系统供应商那里对进程进行改善，以实现创新性的价值。

作者感谢所有提供大量有帮助性的建议、建设性的贡献以及促使本书成型的信息交流和讨论的所有同事们：G. Bartsch，G. Bingen，Dr. A. Brohmer，G. Busch，M. Dierkes，Dr. P. Dilgen，Dr. R. Ernst，G. Festag，M. Frenken，H. Fussen，W. Gasper，Dr. T. Gruenert，Dr. B. Harbolla，W. Herrmann，B. Hoff，J. Hoesterey，W. Holsteg，C. Huisgen，Dr. H. Kaiser，A. Koess，W. Kopplin，J. Mehring，A. Mennicken，H. Metz，J. Meyer，Dr. U. Mueller – Franke，R. Oppel，B. Rose，Dr. J. Ross，A. Ruiz，W. Selle，R. Schulz，B. Schure，R. Schmitz，J. Stadtmann，R. Steinberg，J. Thomas，C. Tombrink，A. Thusch，D. Utsch，C. Weber 以及 Grob – Werke 股份有限公司。

特别感谢 Josef Meurer 先生富有责任心的合作和坚持不懈的工作，他的宝贵知识和在生产加工领域长期的经验积累为本书的编著做出了权威性的贡献。

作者也感谢 Johannes Hennecken 先生，他不仅提供了出版这本书的设想，而且很有责任心地查阅了大量的参考文献，并制作了图片模板。在这里，作者同样要感谢 Sigrid Cuneus 女士，除了文本和图片的编辑工作，首先要感谢的是本书成型提出的富有责任心的建议和设想。

同样感谢 Ford - Werke 公司，使得本书得以出版发行。

鲁道夫·梅内

曼弗雷德·雷克斯

于科隆

目　录

第1章 绪　　论

"当今的经营是在一艘探索者的船上……它总是在满足新的条件……"
亨利·福特
向前运动（1930）

汽车制造业在全球整个经济中占据着主导的地位。全球汽车年生产量为5500万辆，全欧洲乘用车产量则超过1900万辆（图1-1）。统计数字表明，1997年美国以1200万辆乘用车（其中包括轻型货车）的年产量位居世界第二，日本以近1100万辆乘用车的年产量紧随其后。德国在过去的三年中稳步发展（1997年乘用车产量500万辆）。值得注意的是诸如韩国、巴西、中国等日趋增长的市场也变得越来越重要。如同北美及欧洲这两个成熟的市场一样，新兴市场长期发展之后也将达到饱和。也就是说，在这些地方也将出现挤压式的竞争。一个想要在未来有竞争力的汽车企业必须确保自己在任何一个市场中都有一席之地。为了达到这个目的，企业必须准确地分析市场的需求，同样也要提供能满足不同顾客需求的产品。

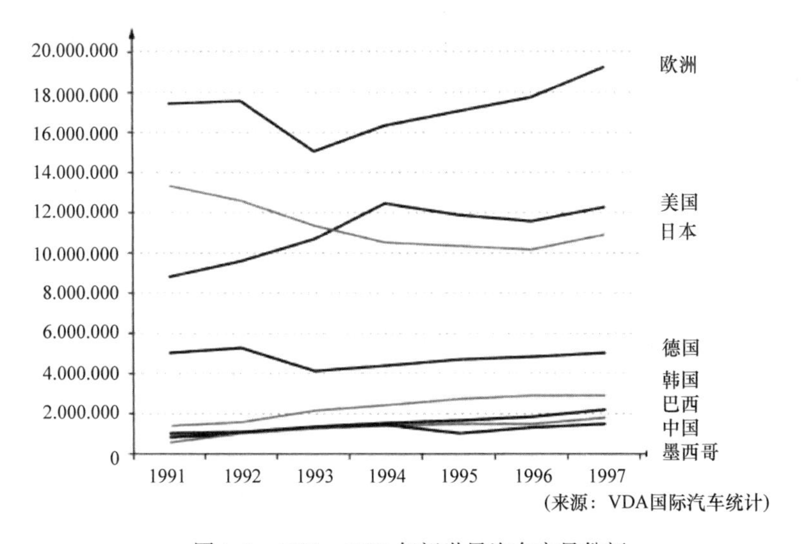

图1-1　1991～1997年间世界汽车产量份额

同样是由于竞争力之故，使得近几十年汽车工业中产品多样化和产量都发生了变化（图 1-2）。最初汽车的生产如同在一般的手工业工场中那样，是作为单件由手工制造的。典型的制造方法，比如在铁砧上进行车身钢板的敲打，有了用武之地。这意味着虽然车型多样化了，即每辆车都能按照顾客的要求去单独制造，但相应地汽车的产量也就减少了。

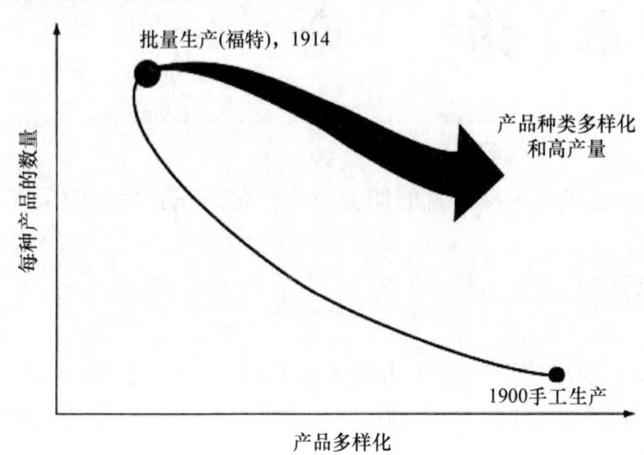

图 1-2　20 世纪初的汽车生产

为了能为更多的客户生产汽车，亨利 · 福特于 1914 年按给定的规格进行生产加工流程的构建，引入了流水线生产。因此，就可以以合适的成本生产大量相同类型的产品。但与此同时，车型的多样性明显地受到了限制。福特的一句话确切地描述了这种情况：“你可以选用任一种颜色，但在这期间只有黑色。”

然而，长此以往，批量生产在车型多样化的成本方面也不再具有竞争力。最主要的就是车型缺乏差异化，企业不再考虑客户的特殊需求，这就促使汽车工业转变观念，设计更具灵活性的生产加工流程，这样既可以生产多样化的车型，又缩短了车型的更新周期。

图 1-3 再次给出了车型的数量与车型更新周期之间的关系。一个车型通常以其独特的外形被人们所认知，如 Escort（小金刚）或 Mondeo（蒙迪欧）。某款车型稍做变化（3 车门、5 车门或客货两用车）就认为是一款新车型。通常将一款投放市场，直至被同一种类新的车型所替代的生产时间段定义为车型更新周期。

在欧洲，从 1987 年到 1990 年，车型平均更新周期超过 4 年。与此同时，车型的数量则有所减少。对照日本汽车工业的成功之道，1990 年至今，欧洲的汽车工业已经增加了车型的数量，并且通过缩短开发时间将车型更新周期由 4 年缩短为 3 年左右。

不仅在车型更新周期和车型多样化方面有所不同，日本的装配厂相比美国的装配厂更成功也是一个原因。麻省理工学院一项调查清楚地表明，生产加工质量也有明显的差异。从图 1-4 中可以看出北美装配厂和日本装配厂典型的特征。针对

1986年标准装配工作，如焊接、喷漆、装配、验收、返修等进行了调查研究。相对于北美的装配厂，日本的装配厂装配一辆汽车的时间可缩短一半以上，而且装配缺陷大约只有北美的1/3左右，装配场地和零部件库存时间也有明显的差异。日本的装配厂所需场地比北美的装配厂要少约40%，零件库存时间只需要约两小时，而北美的装配厂则需要约两周。

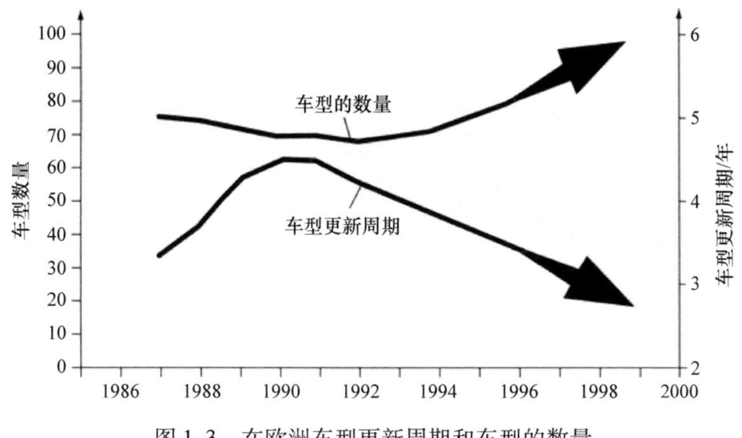

图1-3 在欧洲车型更新周期和车型的数量

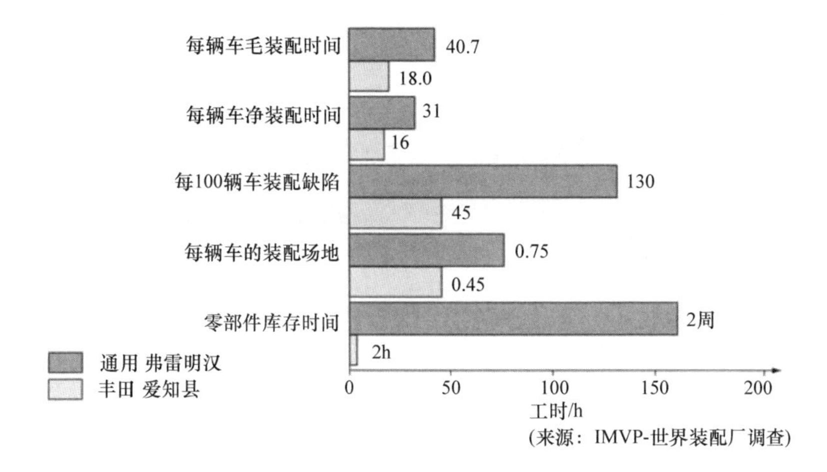

图1-4 通用（GM）和丰田（Toyota）公司装配工厂的比较

当今世界盛行所谓的“精益生产（Just - in - Time）”经营理念。而对照日本企业的运作模式，减少装配场地，即缩短运输线路，并配以优化的装配进程，如装配工人站在“流水线”上随行，也会转换成更多的优势。不仅在生产加工过程，同时也在装配过程中以班组合作模式，并将任务和责任落实到班组中，也可以大大地改善生产质量（更少的生产加工和装配缺陷，或更低的返修率）。

生产率是衡量生产加工一辆汽车或一台发动机所需要的时间的一个尺度。这里可以预见到一个明确的趋势：汽车行业将出现一个新的平台战略，这也就意味着，基于同一底盘组件（平台）可以生产更多的车型，由此不仅能降低开发成本，而且还能降低生产加工成本。乘用车发动机的生产加工时间缩短到一个小时左右，除了装配时间延长，还有加工设备的老化，这些特殊情况之外，但即使考虑到以上情况加工时间仍然明显缩短了（图 1-5）。

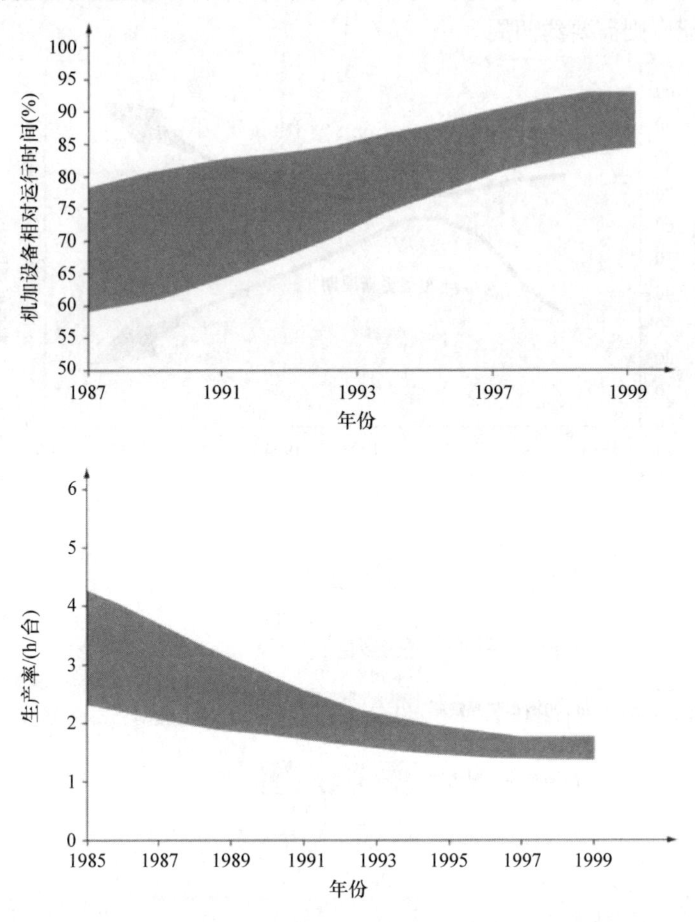

图 1-5　机加设备运行时间和生产率

表示生产率的另一个特性参数为机加设备运行时间。1993 年机加设备运行时间为 70%～85%，而 1997 年至少为 80%，甚至可以超过 90%。然而，产品质量及生产率并不是单一地由生产加工和装配来实现的，起决定性影响作用的是整个研发流程。从第一个结构设计草图（案）开始直到生产加工过程的生产工艺的设计，许多单一的行为相互交错在一起。

因此，接下来就是要观察一些必要的进程，与此同时，显示一些优化整个开发流程的措施。

为了便于读者查阅，本书按照开发流程的顺序来安排各章节的内容（图 1-6）。

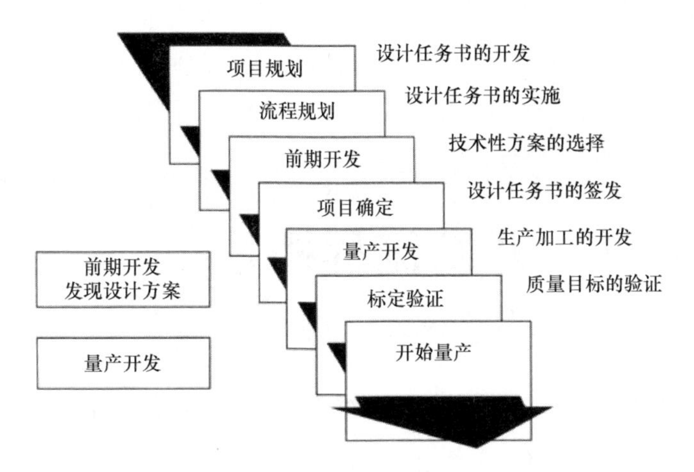

图1-6 发动机开发流程概貌

第 2 章　开发流程概述

“市场需求和全球化需要一种新的思维模式。必须将开发作为战略性的企业流程中的一个完整的组成部分。”

为了尽可能地不忽视客户的实际期望，每个开发部门都应力图去缩短开发时间。传统意义上的开发流程是所有的开发步骤都按部就班（串联式）地实施，因此，开发时间前后要历时 5 年甚至更久。而同步的流程进程在缩短开发时间上显出了巨大的潜力。所谓同步，就是指在前期开发和量产开发过程中所有的单个步骤的时间节点上都要尽早地启动，而且尽可能地平行，也就是同步进行（图 2-1）。

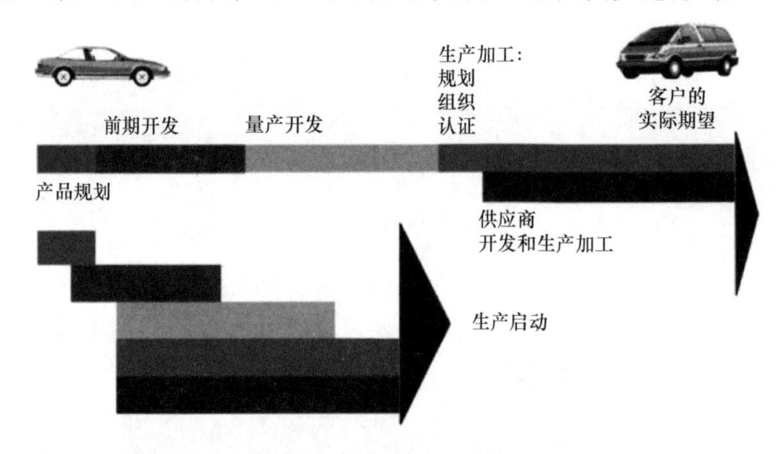

图 2-1　同步的流程进程

除了相应地缩短开发时间，不同开发部门和生产加工部门之间进行信息交流也应得到支持。沟通交流的改善对于优化各个流程的进程是相当有利的。此外，通过减少样机阶段的样本数量，也可以节省宝贵的开发时间，尤其是样机的订购总是相当费时的。不仅是样机的订购，而且样机的制造和试验阶段，对结构设计者而言本身就是一段“要命的时间”，因为必须要根据试验结果做进一步优化。根据通常的三个互为结果的研究序列，即结构设计、样件制造、试验和分析，由于结构设计的迭代进行，至今为止，这种开发流程还是需要花费很多时间的。相比较而言，新的开发流程仅有一个结构设计阶段且仅有一个样机试验阶段，也就是说，所有样机都可以通过同一种结构设计模式，即各自的图样来完成。

因为诸如计算机辅助工程（CAE）之类的工程师工具已经可以达到这样的状态：即可以替代早期开发阶段（前期开发）的样机试验，且逐步取代紧接而来的量产开发过程，如今和今后压缩样机开发阶段也能更容易地实现。结构设计师以及开发工程师在第一批样机问世之前，就可以根据零部件的有限元计算来模拟动态的振动特性或热负荷和机械载荷，同时，也可以完成对噪声特性的初步分析。基于这些知识，就可以按照模型的计算不断地进行优化。过去进行的这种优化需要在汽车上对零部件、系统和发动机进行大量的试验，由于结构设计、订购、测量、组装、布置测试设备、实施试验和试验评估等，这一系列步骤会花费大量的时间（大约1年之久），而现在可能在数周之内即可完成。而现如今，为了对内燃机做出最终的评估，仍有必要借助于硬件来进行试验检验，这一点毋庸置疑。

仅就开发自身而言，现今除了 CAE 外，还需要借助于硬件进行试验开发，通过 CAE 和计算机辅助制造（CAM）的耦合，也可以大幅度地节省开发时间。也就是说，第一批样件可以基于 3D－CAD 模型相当快速地加工出来（快速成型）。同样，为了可以尽早地开始进行原理性试验和验证试验，也可以借助于快速成型和自由成型－生产方法制造第一批验证用的样件。这样就可以根据图样，用生产工具制造出样机了。

一款新的发动机的开发通常集成在整车开发项目中，只是为了将一款新的发动机或是一个新的发动机系列布置在已有的车型上。整车必须要满足顾客的期望、达到法规的要求，并且实现公司的理念。

因此，就可以推出这样一个原则，就是制定一份项目进程规划比造车层面要更为重要。如果事先没有这个进程规划，则应首先从全局角度来开发。这意味着，一份项目控制对整车层面来说是必不可少的，所谓的汽车－控制节点必须置于发动机项目之上，这就保证了在整个开发过程内部对于每一个时间节点实施所有必要的工作，并取得满意的结果，以及达到预定的目标。相应地，对于动力总成的子系统，如发动机和变速器，应制定并执行一些额外的专门的控制节点。

图 2-2 的上半部分概括了整车－控制节点的意义，是按照开始生产的 <A> 倒序排列：

K：设计项目战略性方向；

J：确定项目战略性方向；

I：确定车辆主要尺寸；

H：批准项目和通过财政预算；

G：批准内部和外形设计；

F：分析性的产品签发；

E：可供试验的首批样车；

D：产品签发；

C：试验阶段结束；

B：批准开始生产；

A：开始生产。

图 2-2 下半部分显示了相应于整车－控制节点的有关发动机、变速器等部件的项目－控制节点。

9：验证新的技术（“进抽屉的解决方案”），确定时间规划、开发资源、生产加工资源和成本规划；

8：制定临时性设计任务书；

7：确定项目和签发设计任务书；

6：结束分析性的结构设计和分析性的生产加工流程开发，确定所有的结构设计数据；

5：启动第 II 阶段，验证试验和提供临时性的标定；

4：提供可代表生产的样件（第 III 阶段）；

3：标定试验结束、分析和签发产品（结构设计）；

2：签发生产；

1：开始生产。

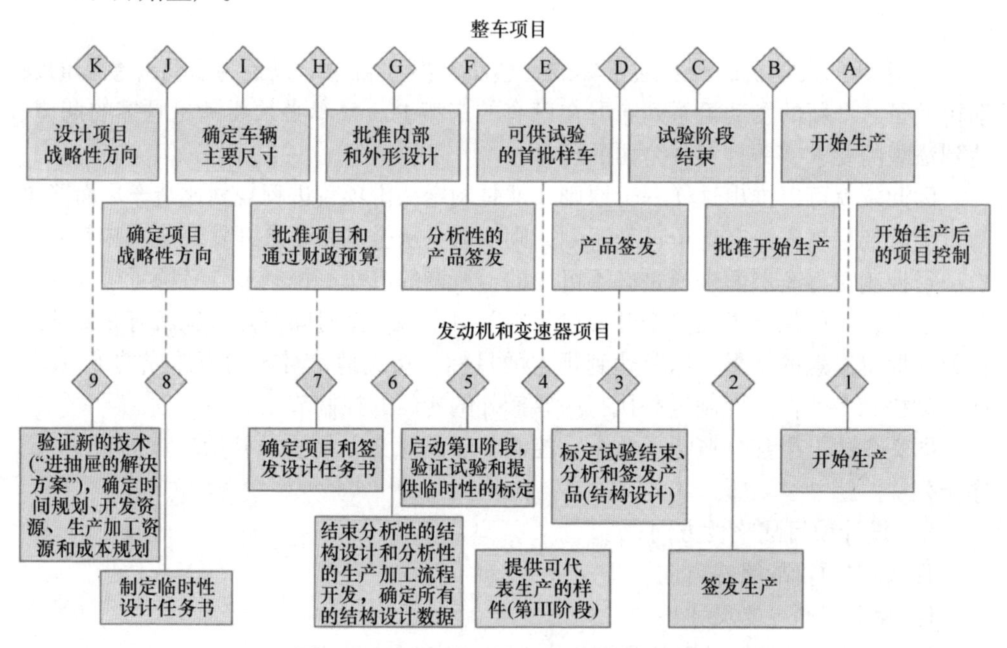

图 2-2　最重要的项目－控制节点的汇总

一个典型的发动机项目起始于规划。企业通过对要生产的产品的要求描述，来显示规划的特征，并对目标设定（项目战略性方向）进行初步总结。这些要求既考虑到顾客和法规制定者的利益，但也要符合企业的公司战略性的理念，这通常指的是整车层面。比如说，这里一个确定的油耗一般是用 L/100km 来表示，那么这个油耗指标对内燃机而言又意味着什么？发动机的目标设定应与整车的目标相关联。首先，在汽车上对所有与油耗相关的措施进行优化，除了油耗外，还要对其他诸如设计、外形尺寸和成本等指标实施优化，与整车重量、空气阻力、滚动阻力、加速要求和变速器结构形式相结合，就给出了对发动机的要求，这就是在整个发动机特性场中所需要提供的转矩和效率。由此确定了发动机排量、气缸数、气门设计方案等。接下来就是针对每个零部件个体进一步进行目标的拆分了。如对曲轴而言，对主轴承和连杆轴承直径进行优化，以改善轴承摩擦和提高疲劳强度。

在设计任务书中概括了这些目标设定，也由此确定了项目规模大小。对此，这又回到了原先的开发理念和基本方案。这类基本方案是建立在研究结果之上的，这些结果都是在各自企业内部中连续工作而得到的，在一个所谓的“技术池”内进行整合。这个“技术池”通过持续的技术流程（研究和前期开发）来扩展的，使新的技术纳入到“进抽屉的解决方案”中去。

在早期阶段（前期开发），工作计划的确定也属于规划，包括为生产加工规划阶段性的数据签发。此外，也将所要规划的变型产品的样件制造时间和试验研究进程确定下来。这就意味着，所有结构设计的可选方案，比如说不同的凸轮轴外形，都必须是试验进程规划以及验证试验的一个部分，因为每次签发都可能是基于单独的验证项目的。紧接着就是准备开始生产了。

一说到整车，自制率一般在 20% ~40% 左右，也就是说，约 60% ~80% 是输送到装配厂的供应件。与开始的项目规划同步的是采购规划，也就是说，在开发阶段，已将供应商纳入到这个早期的时间节点。因此，优化供应商的生产加工流程并整合到总的开发流程中去是有可能的。

图 2-3 表明了供应商在项目进程中的交集。一旦确定项目战略 <K>（“确定项目范围和整车目标”），就将系统和子系统的供应商纳入其中。子系统又划成不同的级别。子系统 1 级别，如整个动力总成，子系统 2 级别，如发动机或变速器。最晚到项目批准 <H>，所有供应商都必须最终确定下来。为了确保已经制定的质量目标、时间目标、功能目标和成本目标，这个确定同时也包含整车生产商和供应商之间建立起有约束的联系。除了整车目标外，在这个时间节点也应同时定义用于生产加工的重要的边界条件，其中，尤其重要的是发动机厂和/或整车厂的位置。根据生产的位置，如何选择供应商并将其联系起来也十分重要。

在确定项目范围后，将这个项目交给掌控整个开发流程的项目团队。为了将开发工作局限在样件阶段，会用到许多分析性的结构设计工具，同时也会用于生产制造流程的早期开发阶段。如果生产加工的开发一开始就与产品开发同步，那么在阶段性的数据签发期间，就可以同时开始机加工设备规划和工具的规划，以及生产加工准备。

以前项目所获得的经验和知识对产品开发以及生产加工开发是大有裨益的。为了确保对“课程学习”引起足够的重视，这些经验和知识作为控制标准可整合到项目－控制节点中。

项目规划，也就是设计任务书的开发，是非常有意义的（见第 3 章 3.1 节）。项目规划描述的是从顾客和企业的角度，应将哪些信息、目标和技术囊括在设计任务书中。设计任务书的第一部分包括了整车的目标。完成临时性的整车设计任务书之后，比较合适的是该将设计任务书分为发动机、变速器或底盘三个子系统，依据“协商”的原则来划分。再举一遍燃油消耗的例子，应该关注一下减轻重量是如何降低燃油消耗的。重量减轻 100kg，油耗将降低约 0.5L/100km。协商的原则就是用来确定哪个子系统可以降低整车的多少重量。各种重要措施实施的成本是一项很重要的评估标准。问题是：比如采用铝制气缸体（相对于铸铁缸体而言），或采用铸铝的车轮悬架部件减轻了 10kg 重量，哪个方案经济上更合适？基于子系统的设计任务书可制定细分的流程进程规划，盘点和确定资源。

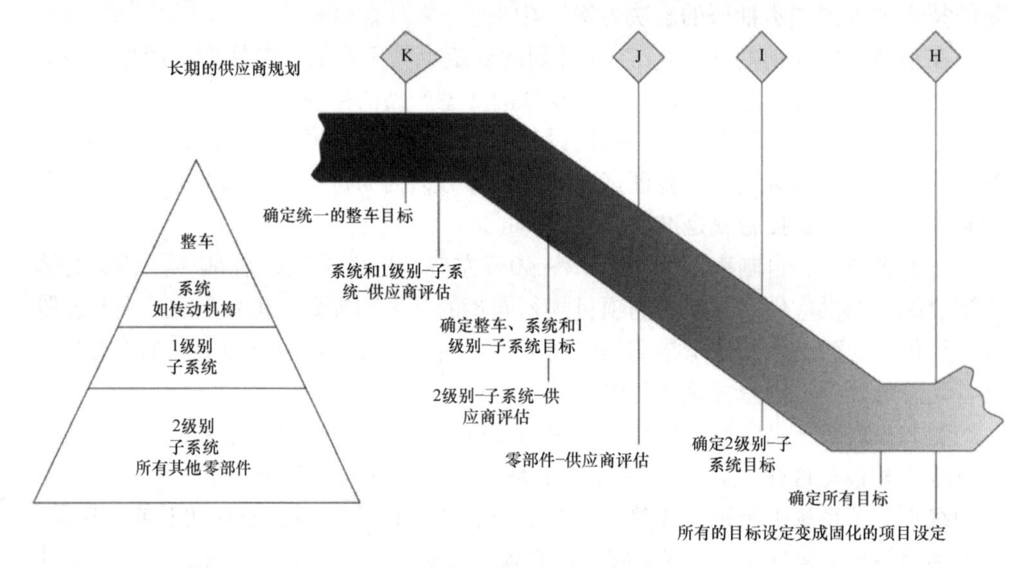

图 2-3　供应商捆绑

为了实施各个独立的设计任务书，下一步就是分析性的结构设计。这里可以理解为对发动机，采用 CAD、CAE、FEM 来进行结构设计和优化。因此，第一轮结构设计几乎只是基于 3D－CAD 模型来实现的，3D－CAD 模型可以快速导入至 FEM 模型中并进行计算，计算结果可直接对零部件进行涉及机械应力或热应力，以及动态特性（固有频率和噪声辐射）等方面的结构优化。

分析性的结构设计优化为缺陷－可能性及缺陷－影响分析（FMEA）提供了基础。FMEA 可以对所有可想到的和可能的失效情况，如可能涉及功能的一个零部件或一个系统，进行研究，分析其已存在的状态，并评估进而找到改进措施，这意味着，必须更改结构设计和/或规划且实施进行验证的合适的试验。类似地，确定生产加工流程的 FMEA，FMEA－流程研究在生产加工流程内可能出现的、会影响到零部件功能的缺陷的可能性。为了保证在分析性的结构设计阶段导入可能需要的结构设计上的补救措施，基于首轮流程规划，FMEA 流程必须尽早地实施。在团队中制定 FMEA 流程，在开发过程中持续地更新。

分析性的结构设计阶段（所有子系统）会提供必要的反馈，以完善设计任务书和目标设定。在这个时间节点（对应于整车－控制节点 <H>），给出最终的设计任务书，以支撑项目的批准程序。

接下来就是描述常规的量产开发了。对这里所说的开发流程而言，量产开发意味着分析性的结构设计的推进，即从阶段性的数据签发到基于认证试验的最终签发。阶段性的签发指的是对于生产加工中重要的主要尺寸，如气缸孔中心距、气缸盖－螺栓位置等应尽早地确定，而各个细节部分可以在下一个时间节点（阶段性）时候签发。这就使得生产加工规划、机加工设备的设计成为可能，并开始订购。对此，资金的签发也属于项目批准的一个组成部分。

这个阶段性的数据签发必须不仅要符合开发的利益，也要符合生产加工的利益。为了促进机加工设备在合适的时间节点前订购，哪些数据什么时候可以由开发过程来确定下来，哪些数据必须站在生产加工的角度来确定，只能通过同步开发流程和生产加工流程来实现。实践中表明，作为负责确定零件的跨学科工作组带头人的开发工程师，必须持续地与相应的生产加工工程师、相关的采购员和供应商一起合作。借此，可以确保所有的信息和措施在合适的时间节点获取和输出。同时，对所有零件和相关的系统进行同步开发流程和生产加工流程的管理。

早在结构设计阶段就已经开始订购样件的零部件了。阶段性的数据签发不仅有利于公司内部的生产加工规划和机加工设备的订购，同时也能让供应商受益匪浅。对于气缸盖生产的铸造模具而言，主要尺寸的冻结也就意味着可以开始进行铸造模具的规划和生产加工，可以完成相关的阶段性的数据签发（开发和生产加工）。

基于样件来实施验证试验。标定也与结构设计开发和生产加工开发同步进行，即基于整车对发动机控制系统进行标定。这里取一些边界条件如耐久性要求、排放极值、油耗设定和评价整车的行驶性能的规范等。标定又可进一步划分为多个阶段。从模型－仿真中可以详细地分析发动机－变速器－整车的相互影响关系，再借助于高动态的发动机－变速器－试验台架可以继续进行微调，在实际的车辆上完成最终调教。

完成量产开发过程后，进行生产加工流程的验证。第一批生产的发动机会安装到生产的整车上，进行前面所说的测试，以便最终签发。在整车－控制节点 <C>“试验阶段结束”，可以给出对结果的评价，大约 1 个月后到达控制节点 <B>“批准开始生产”。

第3章 项目规划和产品前期开发

“技术设计不仅允许集成研发能力，而且也是降低复杂性的合适的手段。”

项目规划是持续的商业战略性流程的产物。一个汽车项目的启动是基于对顾客要求、竞争、环境方针/法规和企业自身的商业规划的分析。这些因素相互作用促成了一个新的汽车项目。同样，顾客的得到更好的被动安全保护的期望，则会导致大规模的汽车改进。例如，汽车前部的重新改进设计，这包括通过更改发动机的安装位置以进一步优化碰撞特性。另一个原因则可能是与某款确定的新级别汽车的竞争，例如，开发一款比当今小型汽车尺寸还要小的，并且拥有极低油耗的城市用汽车。将来的废气排放法规可能会更加严格，从而要求大规模改进发动机及废气后处理系统。

当然不能随意规划一个汽车项目。时间顺序以及范围取决于企业规划。通常由于资源及资本的限制，不再规划和实施一个全新的汽车项目同时开始生产。此外，还必须考虑如何进一步利用和发挥现有生产场所的作用。例如，如果要为规定的车型目录选择一个特殊的汽车项目，接下来的步骤就是确定汽车细分战略，它描述了汽车项目的根本原因和目标设定，这个战略的实施归入到临时性的设计任务书中。

除了连续的商业战略性流程，持续的技术流程同样支撑项目规划（图3-1）。这个流程包含技术开发的成熟度，这个成熟度指的是要求保证相应的技术的可行性和潜力，例如可变凸轮轴调节机构或缸内直喷技术在汽油机中的应用。由此产生的

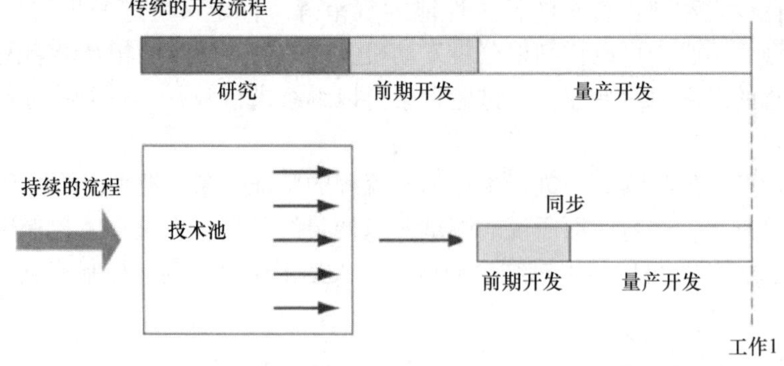

图3-1 开发流程比较

结果是：在一个汽车以及发动机项目中利用技术池中的一些确定的技术，而这些技术为项目特定的目标设定带来益处。这种持续性的流程的优势在于：

- 缩短开发时间；
- 降低开发风险（不出现意外）；
- 提高产品质量；
- 对市场需求做出快速的响应；
- 现代化产品的形象。

3.1　设计任务书的编制

编制设计任务书时首先要基于整车层面并将其归入“临时性”整车设计任务书。为了开发这样一份设计任务书，必须从顾客和企业两方面加以考虑，从而确定应该将哪些信息、目标及技术归入到项目规划中（比较图 3-2）。顾客的期望，如前面已经提到的油耗问题，转变为技术上的要求。对于顾客的期望“发动机应该是运转平稳的”，这意味着一个具体的目标设定，即保证运转均匀性，这除了受惯性力影响外，还受燃烧稳定性的影响。对于这两个影响因素，必须开发一个可测量的目标值。

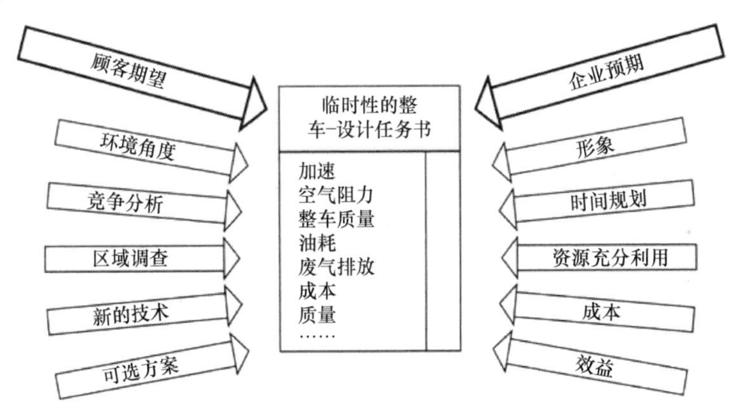

图 3-2　设计任务书的开发

竞争分析对于确定技术水平，以及由此确定竞争产品所能达到的客户满意度是至关重要的。为了将所获得的知识列入设计任务书中，要根据区域调查来确定客户手中的车辆的质量。满足顾客特定要求的技术，如通过可变凸轮轴控制获得诸如低油耗及良好的加速性能，也同样应该记载在设计任务书中。此外，还必须考虑诸如企业形象、资源充分利用、当前工厂所在地、成本（投资成本和工件成本）以及对于企业生存和新的投资所需要的效益等企业战略性观点。

设计任务书中的时间规划属于企业的预期。当一件产品不是依据顾客期望的某个时间节点投放到市场的话，时间规划也不怎么有用了。此外，资源充分利用是关于应安排多少员工参与到某个确定的产品研发项目中的学问。比如说，如果需要200个工程师，但此刻企业里只有100个工程师可供调用，因此在规定时间内是不能完成产品的开发的。因此，想开始这个研发项目从根本上来讲是不现实的。

在当今，成本起到特别的、决定性的作用：顾客只愿意给某件产品支付确定的价格，因此，更高的成本不可能直接转化为更高的价格。因而，对于企业来说，效益是极其重要的，因为只有获得一定的利润才可能为新的投资积累储备金。如果必须以自身的成本价格，或者以低价出售一件产品的话，就没有效益，也就不能获得储备金，也就不能为新产品获得投资。因为新产品的生命周期越来越短，对此，效益同样也具有重要的意义。由此可以看出，在规划每个新项目时必须同时包含成本结构的优化。

从临时性的整车-设计任务书中可导出一份发动机-设计任务书，其制定是以总概念“质量”为准则。顾客的满意度、可靠性和较低的保养以及维修费用都包含在设计任务书中。对于发动机的开发，发动机的特征参数应作为重要的质量目标。发动机特征参数包括：

- 转矩；
- 功率；
- 油耗；
- 废气排放；
- 噪声；
- 振动；
- 重量；
- 外形尺寸；

当考虑财务问题时，以下几个方面必须得到优化：

- 价格预算；
- 开发成本；
- 工件成本；
- 投资成本；
- 收益率。

3.1.1 顾客期望

为了获得顾客满意度方面具有代表性的观点，可以借助于邮件进行问卷调查，可以通过电话或面对面交流的方式来实施。

除了顾客直接的陈述外，维修费用是另一个质量准则。例如，在保质期内对每1000辆汽车的维修情况进行评估，可以获得一份可靠的报告。对在顾客手头的车辆，在1个月、3个月和12个月之后进行维修的评估则是另一个检测系数（图3-3）。

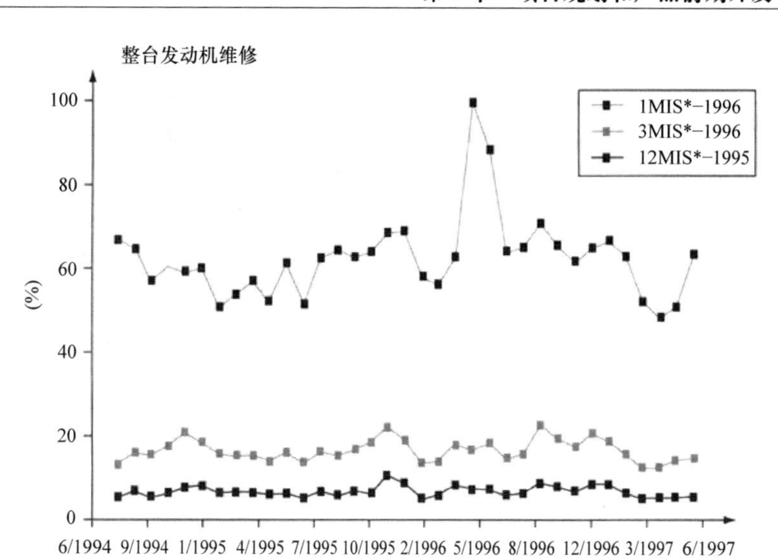

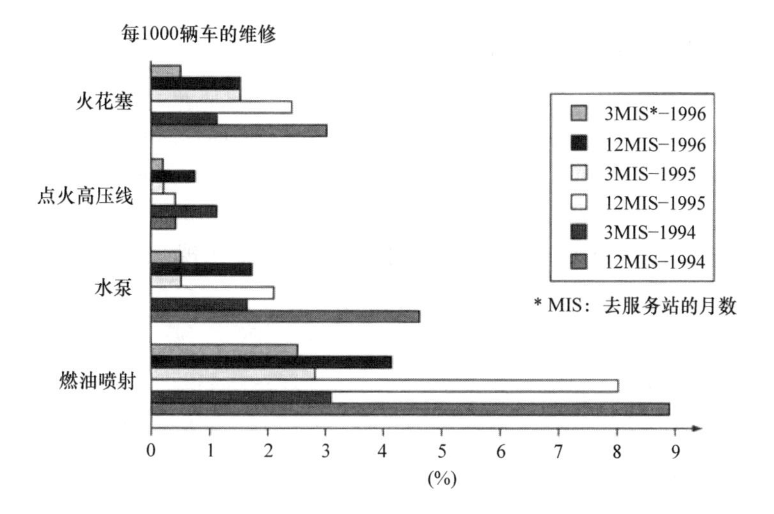

图 3-3　质量评估：1 个月、3 个月、12 个月后在服务站维修

为了能对顾客满意度进行定义，不仅要邀请自己的客户，而且还要邀请同一级别车型所有主要的竞争对手的新车购买者，以 1 至 10 分的不同评分准则来进行评估，准则如下：

1 ~ 2 分完全不满意；

3 ~ 4 分不太满意；

5 ~ 6 分满意；

7 ~ 8 分很满意；

9 ~ 10 分极为满意。

在获得了至少 100 份问卷回复之后，顾客满意度（KZU）可由以下公式来计算：

$$KZU = 高于6分的评估数/问卷总数 \times 100\%$$

顾客满意度以百分比的形式来评定，关注 7~10 分之间的所有问卷，这些问卷给出了对不同问题的回答，通常至少要有 100 个人被调查。

下面是一个例子。对于一款 1997 年款的小型车，与竞争对手的车型进行对比，应该要讨论满意度的提升。这样做的目的就是为了获得一份相关的报告：在项目规划中所确定的 90%~95% 的顾客满意度的质量目标能否达到。在所有评判准则中，该款车属于顶级组，其起动特性和机械可靠性都获得了预期的百分比，在加速性能方面该车型甚至获得了 98% 的顾客满意度（图 3-4）。

借助于顾客满意度（KZU）公式，可得：

$$KZU = \frac{980}{100\%} = 98\%,$$

也就是说，被问卷的顾客中有 98% 认为很满意（7~8 分）或极为满意（9~10 分）。

除了持续地分析顾客满意度外，还应确定哪些技术特征，如加速性能、通过性等，有助于获得较高的顾客满意度。一般情况下，顾客的意见必须转换为技术上可测定的参量。也就是说："为了能够在拖着一辆挂车且在陡峭山路行驶状况下顺利地行驶，车辆必须拥有更大的功率"这句话并不是意味着需要更大的功率，而是要求发动机在中、低速时能够拥有更大的转矩，如有可能，应实现快速换档。顾客愿望的转变应借助于 QFD（质量功能部署）-流程来实现。

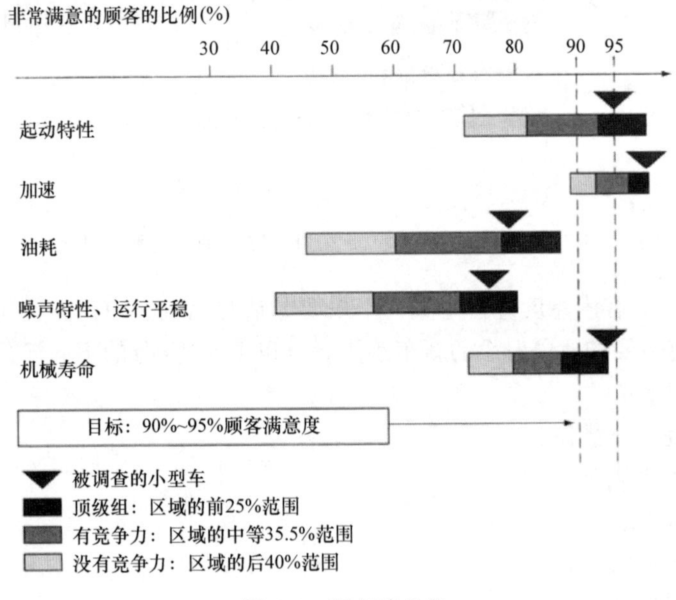

图 3-4　顾客满意度

3.1.2 环境方面的观点

研发一款新产品时必须考虑到环境方面的问题。这里除了因国家而异并且可能有所不同的废气排放要求外，其他一些重要的环境因素也值得注意。

由于CO_2排放对全球气候带来不利的影响，今后还要求强有力地降低乘用车的CO_2排放，相应地也必须要降低油耗。

噪声特性不仅是立法者所描述的一个参数，尤其会受到乘客的主观感受的决定性影响。

除了保护环境的规定外，还应珍惜资源，开发代用燃料和动力源。

时效性也起着决定性的作用：现在是否首先考虑2010年研究计划还是考虑一款三年内应该上市的新车是有所区别的。

安全法规同样是决定性的因素，尤其在碰撞特性和顾客普遍的认可度等方面具有重要意义。

回收再利用是目前大家挂在嘴边的话题，并且在不久以后将会出台相关的法规。

另外一个不能被忽视的因素就是政策氛围。例如，在德国有关税收的系统在美国或英国就不适用了。

一款新产品开发应注意的最重要的环境因素概括如下：

- 废气排放，包括蒸发排放；
- CO_2排放（油耗）；
- 噪声污染；
- 安全法规；
- 循环再利用；
- 政策氛围（如税收）。

废气排放

目前，乘用车发动机排气中的CO（一氧化碳）、HC（未燃碳氢化合物）、NOx（氮氧化物）和颗粒的排放量都受到废气排放法规限制。

图3-5显示了24年时间里（1976～2000年）欧洲HC和NOx排放极限值的发展过程。1976年已经开始实施所谓的ECE15/01法规，折算为10g/km，到了1993年允许值降到大约1g/km（欧Ⅰ），下降了90%，在后几年中又下降了一半，在1996年达到了0.5g/km（欧Ⅱ）。对于2000年开始实施的欧Ⅲ法规，要求NOx=0.15g/km，HC=0.15g/km，HC和NOx分开来限制。计划到2005年实施的欧Ⅳ法规，再次要求排放改善42%，达到NOx为0.088g/km，HC为0.1g/km。

目前，使用新的欧洲行驶循环MVEG（发动机车辆排放组）作为验收测试。所谓城市循环（现今仍有效）由3个部分组成，每个部分每次试验重复4次，最高车速为50km/h，因此，试验代表市区交通，但不能代表市郊交通。为了能覆盖郊区行驶状态，在接下来的测试中要附加一个单元，规定额外加速至120km/h，这样，不仅可以模拟市区工况，而且也可以模拟市郊工况（图3-6）。

除了欧洲的行驶循环，美国实施的是FTP试验（联邦测试程序）。这是另一种测试方法，不仅考虑了冷起动，而且也顾及了暖机起动，该测试在室外温度为20℃时，从冷起动开始，如在实际中存在的一样（图3-7）。在实施一段行驶循环后，此时发动机和排气装置已预热，再进行暖机起动后的循环行驶。发动机预热后，也就是催化器已预热，相对于冷态的车辆，催化器的转化效率明显提高。暖机起动10s后催化器的效率即可达到50%，而冷起动时却需要90~100s。催化器效率越低，车辆的有害物排放，尤其是HC的排放会更高。由此可得出结论：必须降低汽车在冷起动后的排放量。除了降低未经处理的排放（催化器之前的排放），还应缩短催化器加热到高效率的工作温度的时间。

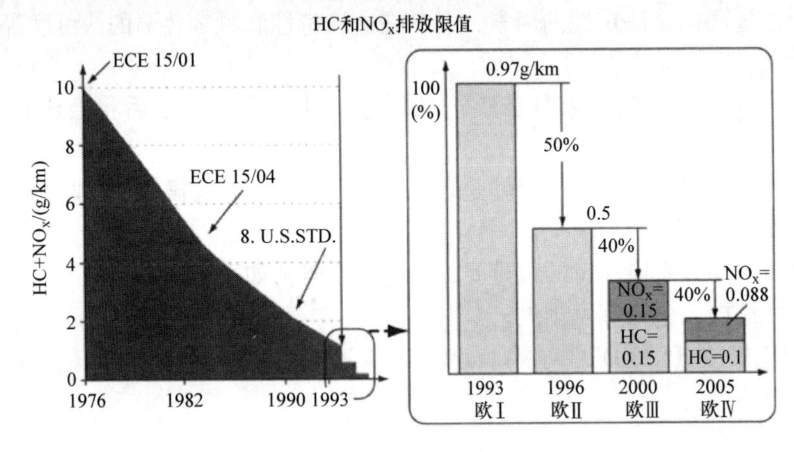

图3-5　欧洲的汽油机排放法规

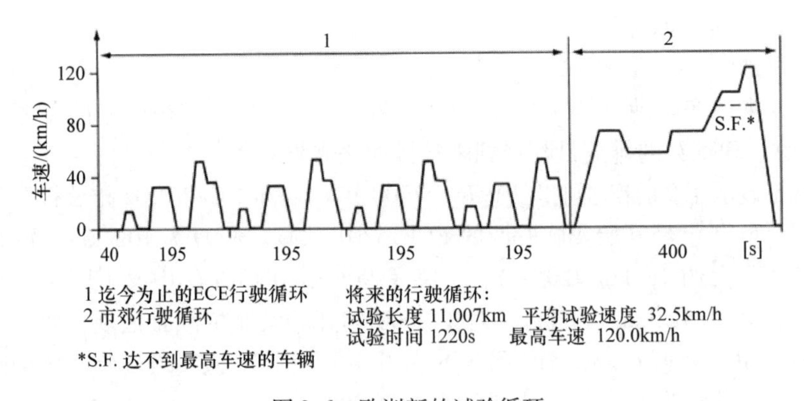

图3-6　欧洲新的试验循环

车辆的老化以及催化器的老化也会影响催化效率。可以很容易理解的是：当一些杂质沉积在催化器表面时，催化反应效果会明显降低。一个新的催化器在汽车

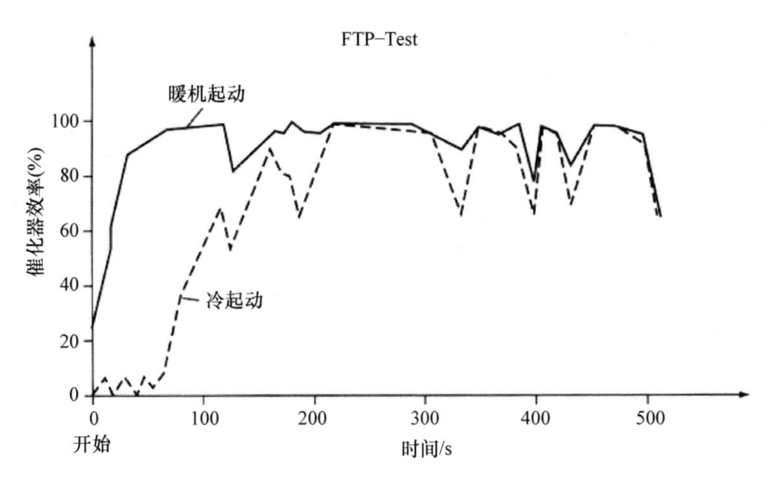

图 3-7 冷起动和暖机起动之间的比较

行驶约 6000km 之后效率会降低 4%，在汽车行驶约 160000km 之后就会降低 12%，因此必须确保车辆行驶较长里程之后（同时也为了整个使用寿命），还能满足法规规定的排放极限值。

为了减少废气排放，欧洲与美国有着不同的方法，这些方法用来满足不同的废气排放极限值。为了满足在美国常用的废气排放限值规定 CAA（空气洁净法），通常在靠近发动机处安置一个催化器就足够了。而为了满足下一阶段排放法规 TLEV（瞬态低排放车辆），另一个措施是采用旁通 - 催化器或高温催化器。为了满足将来更严格的排放法规，如 ULEV（超低排放车辆）或计划中的欧Ⅳ法规，很可能要使用成本更高的方案，如电加热催化器。

另外一种可选方案是使用 HC - 收集。先将在第一阶段燃烧过程中未燃的所有碳氢化合物（HC）收集在一个“容器”中，然后在下一个时间节点将其释放出来，使其在发动机中再次燃烧。

隔离的排气管有助于减少热损失，以便使更多的热量直接传递给催化器。

高温 - 催化器尽可能贴近发动机安装，对于预催化器或主催化器而言，在高速公路上高速行驶时同时要承受高的运行温度。这个不允许超过某个极限值的温度对催化器的使用寿命起到决定性的影响作用。目前，常用的催化器的平均温度不应超过 850 ~ 875℃。

借助于所谓的在线诊断（OBD）可对废气排放实施监控。在汽车内部进行的自身诊断可以确保所有相关的废气排放系统功能正常。即使是配置豪华的低排放车辆，随着时间的推移，如由于不充分的维修保养，也可能导致排放恶化。为了尽可能避免这类情况，汽车中的计算机检测与排气相关的各个零部件的功能，并且给出反馈信号，以确定是否存在有缺陷的特性。

在美国，自 1996 年起所有上市的新车型都装备 OBD，所有与排放相关的零部件和系统都受到持续的监控，可即时辨识造成未燃碳氢化合物（HC）含量增加的断火现象。借助于催化器前后的氧传感器，催化器可进行自检测。根据氧传感器信号来监控传感器。蒸发排放和废气再循环也是特征量，也可由 OBD 来持续监控。在欧洲，目前正在讨论一个 2000 年要投票的法案，该法案规定了相关的测试系统。

发动机自身蒸发排放同样是值得关注的环境问题。早先的开放式曲轴箱通风使燃油蒸气可以排放到大气中去，现在则必须要引回到进气管，并在气缸中燃烧掉。

没有更多的资金投入，降低排放是不可能实现的。图 3-8 显示了汽车成本的增加与排放减少在一定程度上成比例关系。与 1987 年相比，要达到欧Ⅳ排放标准，汽车成本预计要提高 10% 以上。

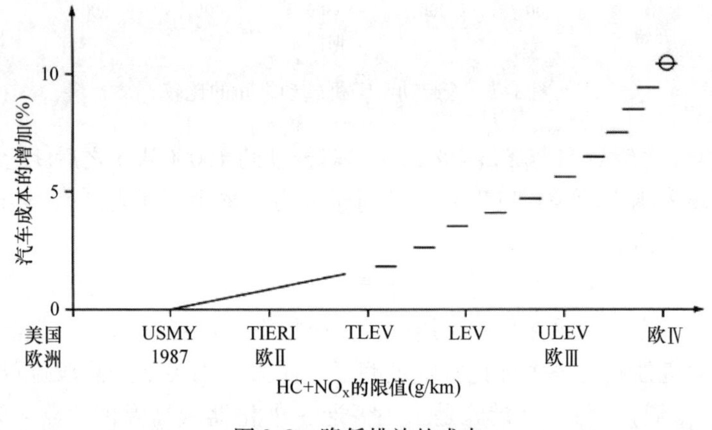

图 3-8　降低排放的成本

工业对环境的责任是无可争议的。废气排放对空气的不利影响明显地对环境造成损害。如果每一辆汽车的排放都低于极限值就可以达到环境保护的目的，但这样就会带来成本上的劣势。客户虽然也想拥有低排放的汽车，但通常却不愿为此支付更高的费用。开发工程师处于这种困境下：一方面要注意废气排放法规，但另一方面又必须提供价格上顾客可接受的产品。

CO_2 排放

大气中自由存在的气体对环境质量的影响可分为直接影响和间接影响。CO_2 属于直接影响的气体，在发动机燃烧过程中产生，尤其重要的是 CO_2 会造成所谓的温室效应。大气中气体成分的改变会导致自然辐射交换受到干扰，进而对气候造成影响。因此，CO_2 的排放也受到公众的极度关注。

由于 1972 年的石油危机，在 20 世纪 80 年代初期大气中 CO_2 浓度尽管总体上呈上升趋势，但增加的趋势稍微有所缓解。

按照目前的知识积累，自从 80 年代中期以来 CO_2 浓度的提升可归咎于持续增加的砍伐热带雨林后遗留的木屑，由此造成的土壤变暖使得二氧化碳自由排放到大气中去（图 3-9）。所有因素带来的影响作用目前尚不清楚。

如果观察全球年度的 CO_2 排放，可以清晰地看到，由人类自身产生的比例低于4%（图3-10）。这相对来说很少，但这并不意味着 26×10^9t/a 是一个可忽略的数据。这其中由交通（道路、航空、航海）造成的排放大约占15%。

油耗与 CO_2 排放成固定的比例关系，与航海业的油耗相比，所有德国乘用车的型号在过去 15 年时间里经历了相当大的改善（图3-11）。但同时必须要注意的是交通流量的增长与这个趋势正好相反。而要实现欧盟环境委员会减少 CO_2 排放的目标设定，将面临巨大的挑战。

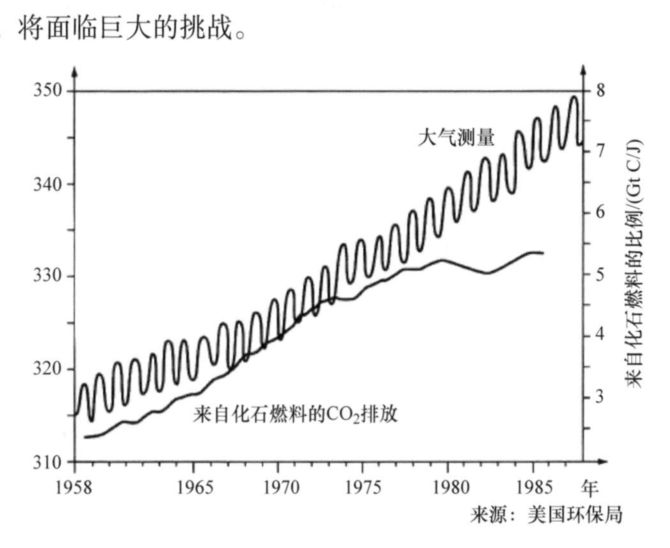

图 3-9　大气中 CO_2 浓度的发展变化

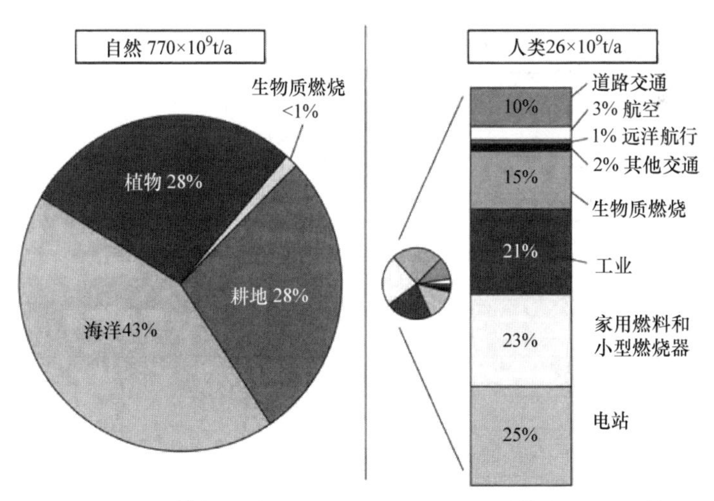

(来源：Prof.Lenz 12/93;OECD/IEA 1990 BOlle,H.J.1991;Walsh,P.M.19)

图 3-10　全球年度 CO_2 排放

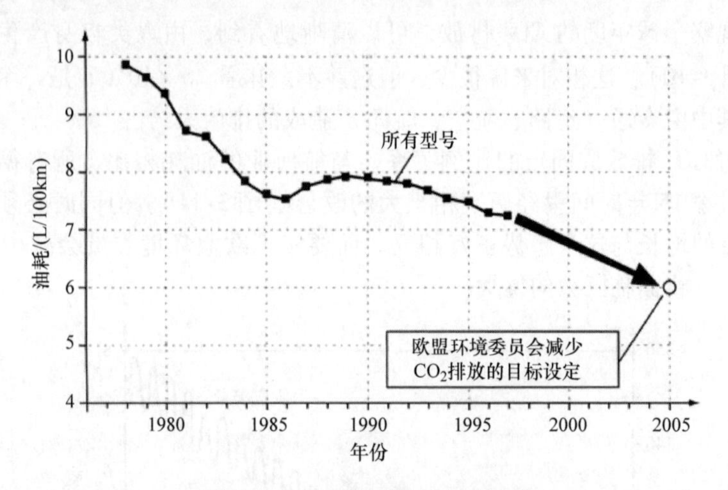

图 3-11　所有德国乘用车的油耗

噪声污染

如果观察 1970 ~ 1995 年间所许可的车外噪声限值的发展，有一个现象非常引人注目，那就是 1976 年前对于乘用车而言首先有两种不同的限值。噪声限值依据汽车的重量来划分，其分界点是 52kW/t。从 1976 年起的 20 多年时间内所有乘用车的噪声限值持续下降，直到目前的 74dB（A）。这个标准值允许有 1dB（A）的浮动范围。对于商用车和客车，则相应地给出另一个限值。而目前，这两种车型必须遵守 80dB（A）极限值（图 3-12）。

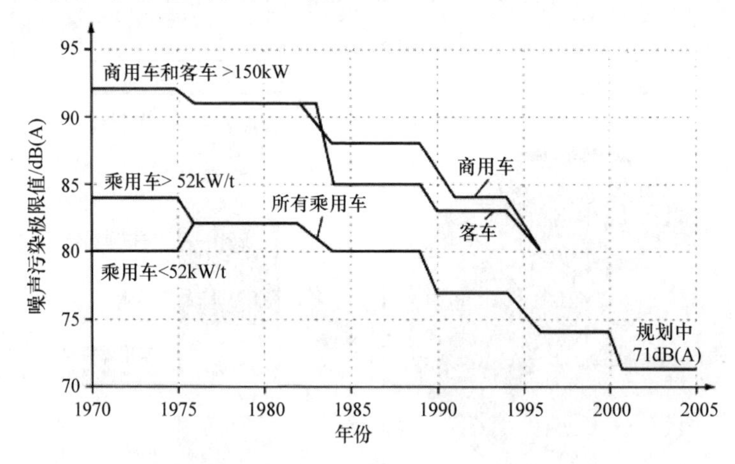

图 3-12　许可的车外噪声极限值的发展变化

当人们发现，仅轮胎噪声就达到 70dB（A），并且路面还形成 3dB（A）的噪声时，为了满足这个极值要求，对工程师学识的高要求是必不可少的。因此，将噪声污染限值定为 71dB（A）受到了争议。

一辆乘用车的总噪声由以下几个部分组成：

- 进气噪声；
- 发动机噪声；
- 变速器噪声；
- 排气装置噪声；
- 行驶风噪；
- 排气口噪声。

总噪声以及单体噪声主要是按照单位时间释放的声能来评价的，声功率按主观导向的规范来评价。

降低单体噪声或总噪声水平不仅对达到法规规定的污染限值，而且对改善顾客的满意度而言都是有必要的。如果顾客主观上感觉一辆车“太吵”，那就不仅要观察相应的声压等级，而且还要对噪声品质进行深度分析。

作为发动机噪声的实例，图 3-13 列举了可以将发动机产生的噪声分解到的不同部件。首先分为直接噪声激励和间接噪声激励。直接噪声激励通过冷却风扇、发电机风扇、进气系统和排气装置产生。通过固体声传播的间接噪声辐射一方面是由燃烧激励的，另一方面是由机械激励的。交变力及碰撞激发发动机结构的固体声振荡，继而传到发动机表面。振荡的发动机表面导致空气声辐射。为了减少噪声，不仅要对噪声的成因，而且对传递特性都要进行详细分析。对分析进行评估后可以有目的地采取措施，要么直接清除噪声源以及阻止噪声的形成，要么影响噪声的传递，例如采用隔声措施（改变结构、隔声材料）。

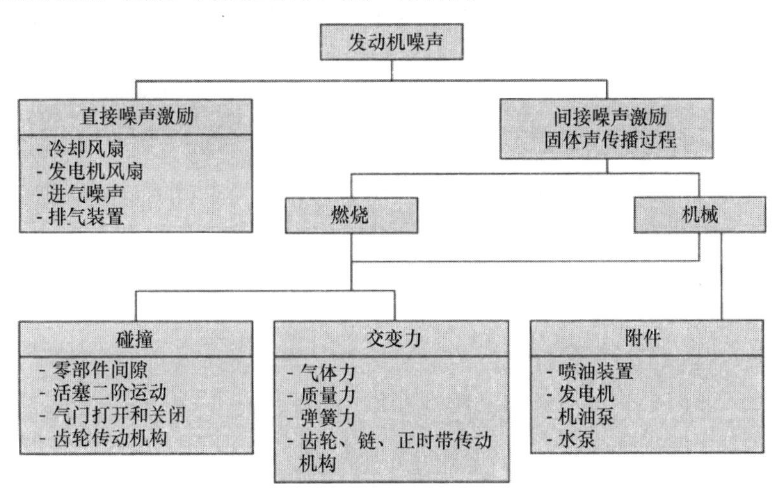

图 3-13　发动机噪声分类

安全法规

安全法规涉及乘用车发生碰撞时对于乘客的保护。组装发动机时应遵守所谓的碰撞 – 轨迹。碰撞 – 轨迹将发动机舱划分为可变形区和不可变形部件的空间，如发动机（气缸盖和气缸体）本体。图 3-14 显示了“碰撞 - 试验”对发动机组装位置的要求，需说明的是这是一辆发动机横置的前轮驱动的汽车。

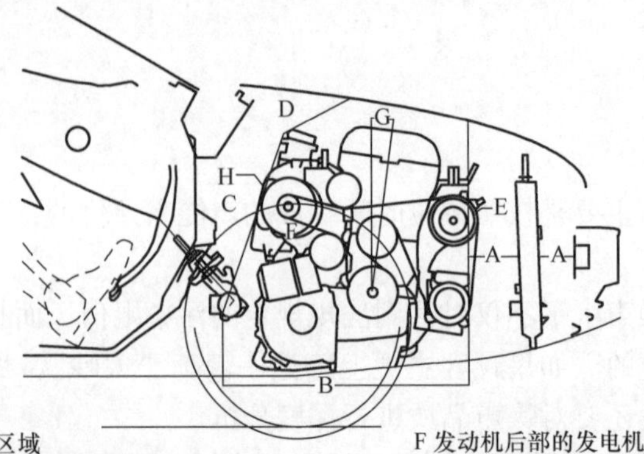

A 变形区域
B 不可变形的部件的空间
C 允许发动机/变速器单元移动的自由空间
D避免风窗玻璃弹出的自由空间
E 可损坏的塑料带轮
F 发动机后部的发电机，该区域空间安置不可变形的零部件
G为了在不可变形的部件的空间中安置空调压缩机和进气歧管，发动机前倾
H 与进气歧管通道相匹配的外部轮廓

图 3-14　“碰撞 - 试验”对发动机组装位置的要求

例如，E 点显示的是 V 带带轮，这儿决不允许放置不可变形的材料，如金属。因为塑料 V 带带轮在碰撞时会撞碎，也就是说是可碰撞的，由塑料制成的 V 带带轮有助于使变形区不会遭到损坏。

虽然碰撞测试是在精确定义的边界条件下进行的，但这并不能代表实际中出现的大量事故形式。

一般来说，确定的碰撞 - 试验法规规定车辆以 48km/h 或 56km/h 正面碰撞固体障碍物。另一种可能性则要求以 50km/h 的碰撞速度和 40% 侧面碰撞障碍物。在此，前端的 40% 与障碍物碰撞，以至于产生一侧的变形。这个与实际情况相接近，因为在与另一辆车发生碰撞时总是很容易出现这种情况。

在“碰撞 - 试验”时，对前端提出如下要求：

- 前风窗玻璃不能弹出；
- 碰撞过程中车门不能打开；
- 碰撞后车门必须在不采用工具的情况下能打开；
- 方向盘不能向乘客舱方向移动过多（自 1994 年 10 月起法规允许 127mm）；
- 脚部空间只允许很少的变形；
- 必须严格遵守乘客的承载极限；
- 汽油管路和喷油系统不允许损坏。

对变速器、带附件的发动机的要求是：

- 它们不能吸收变形能，因为它们是不可变形的，因此不能为变形特性做出积极的贡献；

－在碰撞过程中它们作为质量体被推向汽车的内部空间。

另外，在安全法规中规定：乘客舱不允许使用可燃的材料。另外，碰撞时必须切断燃油的供给。

循环再利用

在开发一种新的发动机零部件时，常常遇到如何选择合适的材料的问题。除了考虑结构设计的基本要求外，还必须考虑到环保的承受能力和循环再利用。在整个财政预算框架范围内，有必要权衡生产阶段的能源需求和废物产生与使用，以及废品处理阶段能量需求和废物量之间的关系。

为了保证一辆旧车的处理，以及循环再利用与总费用及能量消耗之间合适的比例关系，必须要主动地解决几个关键问题，即拆解的时间不能过长，可重新使用的材料的总量不能太少，拆分一些连接件材料的时间及能量消耗不能过高。此外，还应考虑回收物的特性、价格及使用可能性。

图 3-15 显示的是车辆的循环再利用。在拆解时，将零件分为可再利用的及不可再利用的。可再利用的零部件可作为旧的配件再使用，不可重新使用的零件需要经过不同的加工过程来再生。在此，需要决定使用哪种粉碎方法，如破碎、剪切或粉碎。分拣可采用磁鼓法、吹风法或振动/浮沉法。在此，对材料进行分类也很重要，因为之后要选择相应的再生方法。像车身钢板、锻件或铸件这类铁磁体零部件可以在炼钢厂或铸造厂再生。有色金属材料可重新熔炼或冶炼。像纺织品、泡沫或塑料等非金属材料则可由家用垃圾堆放场来处理。

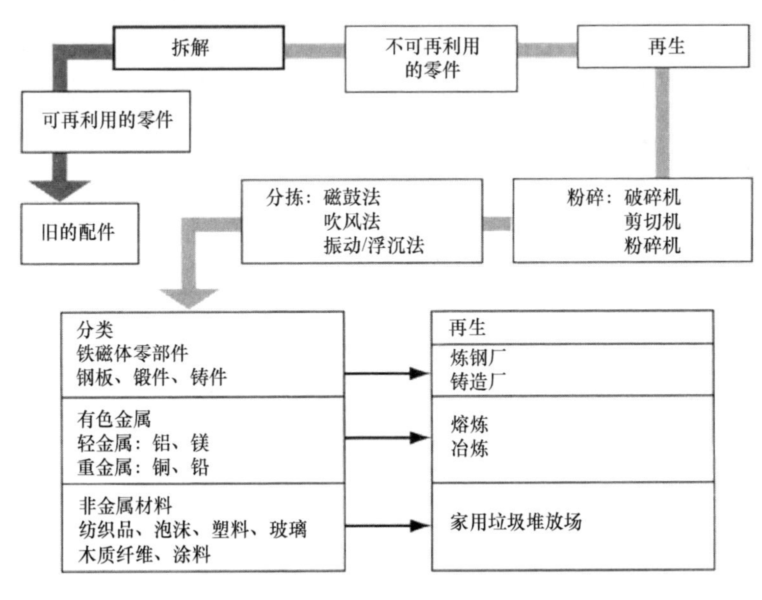

图 3-15　旧车的循环再利用

可惜，在当今发动机开发过程中这些措施在方式和方法上并没有得到适当的重视。为了引起足够的重视，这方面需要采取补救措施。图 3-16 显示了一辆车拆解后可重新使用的零部件。

图 3-16 通过更多的循环再利用以实现环境保护

政策氛围

与其他框架条件一样，政策氛围在满足确定的环境要求方面起着重要的作用。如在某些国家使用不同的安全级别。此外，柴油税和汽油税以及汽车税也是不同的。按照每辆车的排放量来收税的愿望是值得注意的。排放物不仅包含有害物 CO、HC、NOx 和颗粒，而且还有 CO_2。社会及政策趋势同时影响着与环境相关的问题的关联性。

3.1.3 质量规划

相比于今天，“质量”这个词以前有另一种含义。在传统的概念中，质量被理解为开发结果与结构设计特点的互相协调，并且通过设计图、说明书及相关的文件来描述。今天，对这个概念明显理解得更透彻，并且首先应由顾客来确定。由顾客来定义质量意味着什么，顾客期望与其要求和期望相对应的产品和服务能力，并且要求物有所值。

质量这个词的本质就是让顾客能够了解、感觉并且触摸到它。关闭车门时的噪声已产生了质量上的差别。转向闪光信号发出的轻微嘀嗒声可以被认为是质量，也可能不被认可。新的特点有助于对当今的质量这个概念的定义。这其中，一个明显的前提条件就是顾客的满意度，可以通过对不同的客户进行问卷调查来评定顾客对自己车辆的满意程度。

表 3-1 显示了根据 1997 年德国汽车市场一份调查报告所获得的整个汽车行业的顾客满意度。值得注意的是，在没有投诉的顾客中，只有 55% 的被问卷的人表示极为满意。在 KANO 模型（图 3-17）中可以看出通过顾客满意度所反映出来的一个产品的质量特征。很明显，以投诉的数量作为评价一辆车的质量标准是绝对不合适的。这个模型试图借助于满意度，将顾客满意度与正面的质量特征联系起来。图中四个区域给出相应的性能特点的描述，每个区域首先包括一些基本前提，也就是那些对顾客而言虽然是期望的，但却是不言而喻的期望（右下区域）。这些基本前提是必需的，是产品的一些典型特征和功能，也是如今对顾客来说都是最基本的前提条件。

表 3-1　在整个汽车行业顾客的满意度　（单位:%）

	没有投诉	一个或多个投诉	所有顾客平均
极为满意	55	29	37
非常满意	40	50	47
基本满意	4	16	13
不大满意	–	3	2
极不满意	–	1	1
	100	100	100

来源：QAS 德国市场。

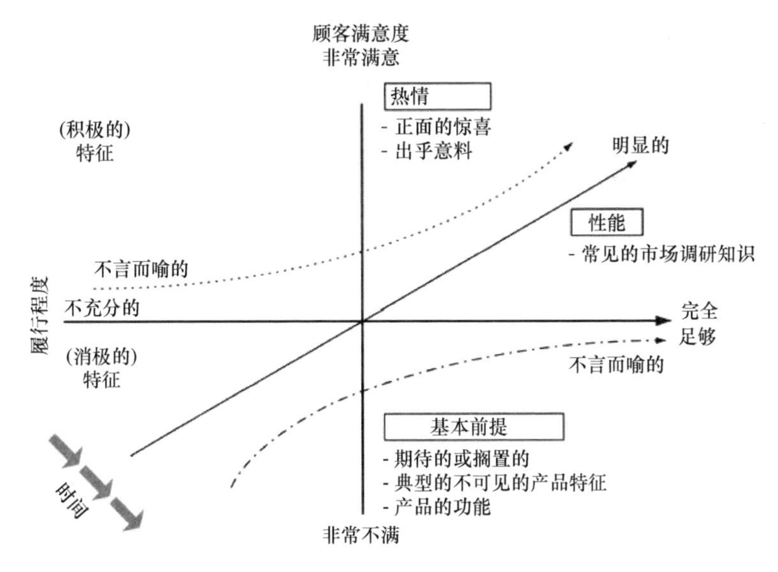

图 3-17　质量特征的 KANO 模型

只有当产品拥有顾客未曾料到的性能或特征，同时给顾客带来正面的惊喜时，顾客们才会对此表示满意。通过详细的问卷调查，顾客表述出这些性能特征，通过市场调研对这些性能特征进行分析，最后成为普遍的质量印象。例如：空调机的安装作为量产车而言是额外的，或者小型车上安装助力转向也是如此。

在 KANO 模型左下区域显示的是消极的特征，这些是顾客所不能接受的，要尽可能避免。左上区域是积极的特征，但想要在顾客心目中产生良好的整体印象，这些特征仍然不够。例如，现在所有的车辆都以良好的行驶特性作为前提条件，而这个特征还未作为一个积极的整体评价指标。

因此，尽全力获得使产品能转移到右上区域和由此能给顾客带来意外惊喜的前提条件是非常必要的。随着时间推移，顾客期待值会越来越高，即那些今天还占据着右上区域给顾客带来的正面的惊喜，一段时间后就可能退入右下区域，因为顾客认为这些前提条件是理所当然的。

顾客的要求必须转化为技术上可实现的和可测定的目标。顾客对于一辆新车可能还会提出如下要求：

- 良好的起动性能；
- 良好的行驶性能；
- 低的油耗；
- 低的运行费用；
- 高的耐久性；
- 低的噪声污染；
- 低的有害物排放；
- 高的转卖值。

每个单独的要求又必须符合特定的标准。下面以发动机起动性能为例来介绍这种转化。顾客的期望是：

- 起动过程简单；
- 第一次点火后快速起动；
- 在任何条件下可靠起动，发动机无论是热机还是冷机；
- 噪声和振动小；
- 快速起动至柔和的、平顺的怠速工况。

根据这些期望，明确产品开发的具体目标和有利于发动机起动特性的结构设计特点，这包括：

- 起动持续时间；
- 尝试起动的次数；
- 起动机转速；
- 通过起动机支持的运转时间；
- 压缩压力；
- 火花塞电极处的可燃混合气；
- 空气量；

- 点火能量；
- 点火时刻；
- 火花塞电极距离。

将以前对发动机起动时间的要求与新定义的要求相比较可发现，在 -15℃以下有一个明显的转折（图3-18）。早先对发动机起动的要求只是在 -18℃时起动时间大约为13s，而现在发动机在 -28℃时12s后即可起动。最好的竞争对手可以很好地满足迄今为止平均的要求，但满足不了新的要求。新型发动机起动时间比新的要求还少好几倍。从期望轴上可以看出，如 -15℃时发动机2s后可起动（要求为5.5s），在 -25℃时5s后可起动（要求为10s）。

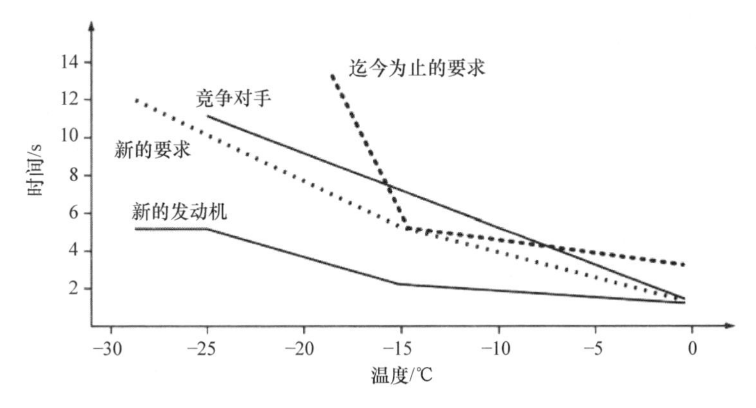

图3-18　发动机起动时间比较

顾客期望的“长寿命”同样也必须要转化为可测定的技术要求。可以借助于韦伯尔（Weibull）的寿命分析法。在这种分析方法（图3-19）中，实线表示发动机实际失效情况。顾客的每次投诉都被判定为失效。例如汽车行驶50000km后失效已经为10%，而新的开发目标可能是160000km后失效率才达到10%。100000km后的比较值为6%，这比迄今为止的20%的失效率降低了一半多。

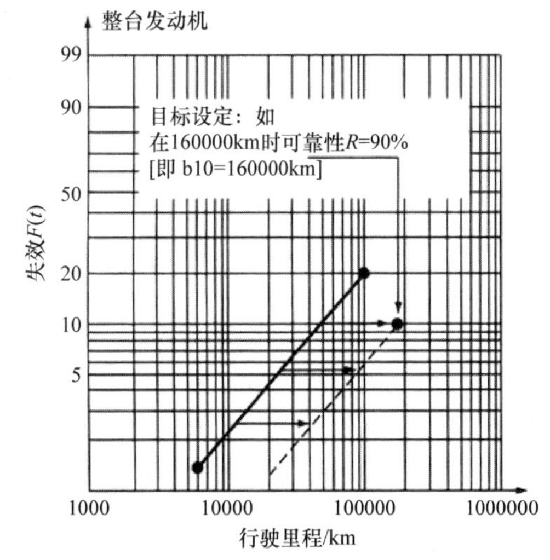

图3-19　开发目标的定义

值得注意的是，根据在韦伯尔图中所描述的实际失效情况可以推出新的使用寿命目标设定，但该图不能通过诸如插值法来预测更高行驶里程之后的失效情况。因此分析单独的失效情况是必需的。仅仅根据失效成因以及边界条件（循环行驶、顾客需求等）就能使工程师们开发出专门的疲劳强度试验，该试验可以预测在更高的行驶里程（如300000km）后某个零部件的疲劳强度。

因此，第一步就是进行区域数据分析，例如来自3年质保合同和对乘用车行驶里程超过100000km的顾客的问卷调查。因为失效常见的是由一定的行驶方式、环境条件（如经常冷起动和短途运行）和与此相关联的磨损机理而造成的，因此，这样的一种分析是绝对有必要的。现在的主要任务在于开发和实施试验台架的试验，特别是用于检查在区域内确定的失效的结构设计，由此可以对可靠性进行精确的评估，相关内容可参阅第4章。这里所使用的X射线－同位素－磨损测量，可以对磨损进行连续测量并可得到失效率，由此可算出使用寿命。

3.1.4 财务分析

除了有必要引进有效的质量管理外，对于那些跨国大公司，成本压力总是变得越来越大。一个新的开发项目所有建设性的措施必须进行精确的财务分析。财务分析可由4个主要阶段组成。

第1阶段，主要是项目导入。在该阶段确定带有成本目标的财务框架。这个阶段预先确定该项目财务的总框架，该项目的确定又与公司其他的、长期的、已规划的项目有关。

在第2阶段，即项目批准阶段，调查由投资产生的全部费用，其中也包括独立的单件成本。因此，这个阶段特别重要，因为由此要确定：从成本方面来看，项目表明了企业的决定有意义。

紧接着第3阶段审核项目导入之前已做的投资并核实单件成本。

随着项目的完成，财务分析的第4阶段是在进行生产加工的同时，控制所有发生的成本（图3-20）。

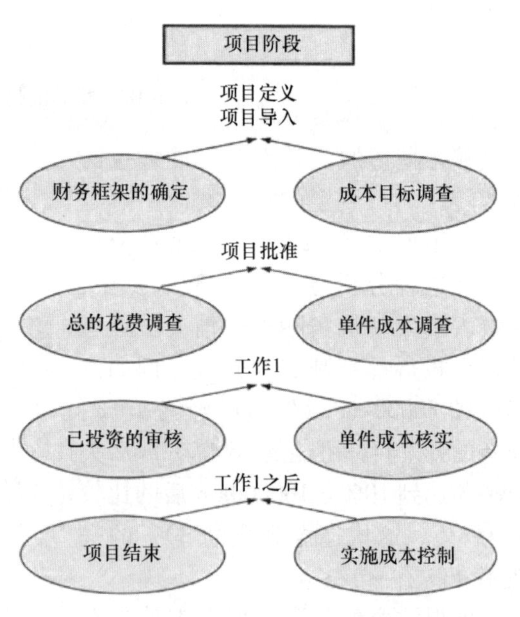

图3-20 财务分析的任务

财务分析的有效性取决于许多影响因素（图3-21）。在同步－工程－流程框架内，来自财务部、采购部、生产制造部和产品开发部的员工在一个团队内通力协作。这个团队主要从事自身业务范围的成本分析，当然也包括其他业务范围，如在团队数据分析的框架内分析其他成本。此外，为了确保满足给定的边界条件，还进行资源分析和企业内部的时间研究。

对标 - 研究，即观察研究竞争对手的行为，并贯穿于整个分析过程中。此外，还应建立获悉技术更改的体系，并且随着时间的推移得到不断完善。所谓的盈利能力分析/可收益性分析，构建了进一步分析整个项目成本的基础。因此，不仅需要注意产品所具有的特性，如技术图纸、货源、工件、材料和所选择的生产加工工艺，所有来自于外界对企业的影响因素也值得考虑，这包括诸如汇率、物价上涨率、市场分析、市场预测，以及企业税赋和产品应在哪个时间段上市的描述。

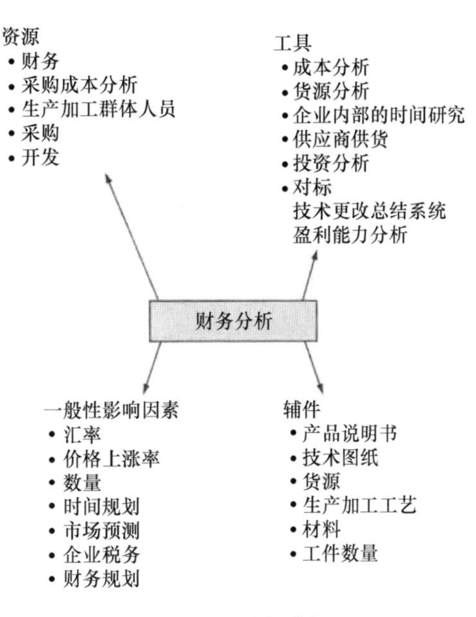

图 3-21 财务分析

将单件成本与投资进行对比是很重要的。单件成本包括以下成本形式：

- 材料成本：所有单个零部件成本的总额（原料、外购件）；
- 运输成本：从供应商到生产车间的材料运输成本；
- 直接的工资成本：以分钟为单位的工作时间乘以成本等级的特殊因素（加工时间、装配时间）；
- 工资以外的成本：由企业完成的社会任务和自愿的行为；
- 生产加工常规的成本：工具和直接需要的辅助材料（润滑剂、黏合剂）；
- 固定的和不可变的成本：折旧费、生产辅助材料费、维护费和能源费，以及辅助部门的花费；
- 资金绑定成本：与材料相关联的资金的费用。

支出的费用包括必要的投资、生产加工费用、支付给供应商的费用、开发和项目启动费用。

以 4L - V6 - SOHC 发动机为例，两个气缸盖的单件成本确定见表 3-2。供应商提供的毛坯（半成品）的材料费为 260 马克（成本构成中最多的），所有其他的成本，如运输费、工资相对来说就是很少的了。

表 3-3 显示了一个单独的零部件的财务框架是如何确定的。首先手头上要有一份与新型发动机相匹配，且必须经过验证的、已经存在的项目计划。由表 3-3 可以看到，不仅是对自身生产加工的投资，对于供应商的投资也应在规划之中。该例子中支付给供应商的费用在 8% 左右。

财务分析是一直伴随着整个开发流程的工具，因此是非常重要的。它不仅是达到建设性标准的基础，而且也是在企业可测算的成本框架内满足规定的技术边界条件的基础。

表 3-2　单件成本

材料成本　供应商提供的半成品	DM 260. 00
运输成本　从英国到科隆的商用车运输	DM 4. 00
直接的工资成本　半成品的加工和组装	DM 3. 50
工资以外的成本	DM 3. 30
生产加工常规的成本	DM 6. 00
固定的和不可变的成本	DM 3. 90
资金绑定成本　DM 260. 00 被忽略的利息收入	DM 0. 70
总的单件成本	DM 281. 40

表 3-3　花费

投资	生产加工（百万）	供应商（百万）	总计（百万）	起因/理由
气缸盖	DM 100	DM 10	DM 110	新的结构设计
气缸体	40	4	44	更改
曲轴	3	–	3	更改
凸轮轴	30	3	33	新的结构设计
整体式连杆	1	–	1	更改
总投资	DM 174	DM 17	DM 191	
项目启动	17	–	17	培训等
开发	30	–	30	
总花费	DM 221	DM 17	DM 238	

3. 1. 5　生产加工战略

在项目规划内部已确定了生产加工战略。在从项目启动，经过项目批准再到投资批准这段产品开发进程中要对质量、成本及功能目标进行可行性分析。生产加工战略必须与这个分析相符合，然后才能将结果导入到生产系统中。

为了能确定生产加工战略，必须注意不同的规范。最顶层的目标是在高度灵活性及低成本之下保持不变的、良好的产品生产加工质量（图 3-22）。为了达到这个目标，需要注意员工的培训状况、员工的积极性和其他一些企业内部的观点，例如在巴西建厂应不同于在德国或亚洲地区。

必须检查产品本身的可制造性。需要应用的相对应的生产加工工艺必须与之相一致。所有这些单一的目标决定了最终纳入生产系统的规划目标。

产量属于纳入到生产加工战略中的参数，当然，大批量生产的产量看上去与小批量生产的产量不同（图 3-23）。年产量从 300000 个单元起为大批量生产，并且

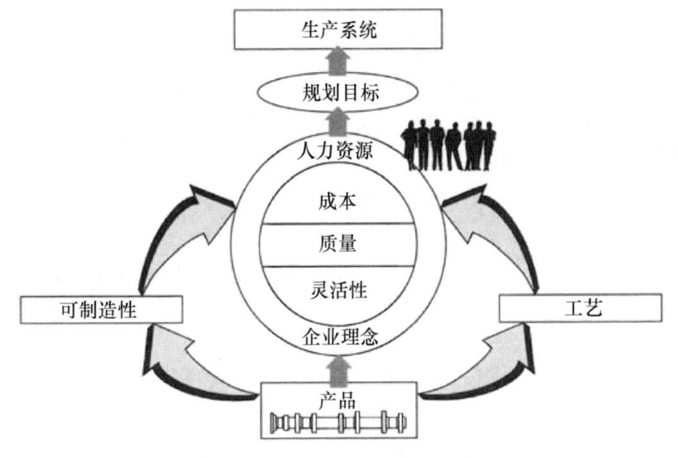

图 3-22　生产加工战略规范

从生产加工方面没有设置上限。年产量为 100000 ~ 200000 的单元定义为中等批量生产，所有低于此产量的则为小批量生产。另外一些参数是每年的工作天数和每天可利用的工作时间。在德国，目前人们定义三班制的工作时间为每年 225 个工作日，每天 22.5 小时。如果工厂位于其他国家，这些数据都必须根据当地的实际情况做出相应的修改。

生产数量			
单元/年	单元/小时	节拍/单元(min)	
600.000	119.6	0.405	大批量生产
500.000	99.0	0.486	
400.000	79.0	0.607	
300.000	59.0	0.810	
200.000	40.0	1.215	
100.000	20.0	2.430	
50.00	10.0	4.860	小批量生产

每年225个工作日
22.5小时/天
正常运行时间80%

图 3-23　生产的数量确定生产加工战略

图 3-23 中“正常运行时间（Uptime）”这个概念代表效率，所表示的是实际上生产的零部件数量与需生产的零部件理论上可能的数量之间的关系。如果生产节拍为 1min，那么理论上 1h 能生产 60 个单元，但实际上只能生产 50 个，即效率为 83.3%。

一些重要的因素影响着生产加工工艺的确定。图 3-24 中由里向外看这个四分之一圆，“驱动者（Drivers）”显示了主要参数，这些参数用于描述应该如何实现单一的目标任务。这些参数包括环境、质量、成本和交货期限。例如根据参数“环境”给出的目标称作“优化的工作条件和环境条件”。为了达到这个目标，可实施短期的或长期的、明确的措施。例如，工作场所的人机工程学设计就属于短期要实现的步骤。如果无视人机工程学规定，则会引发疾病或身体损伤。长期的目标要求就是诸如无冷却剂的加工方式，这样就可以大大降低对环境的压力，因为不需要处理冷却剂。

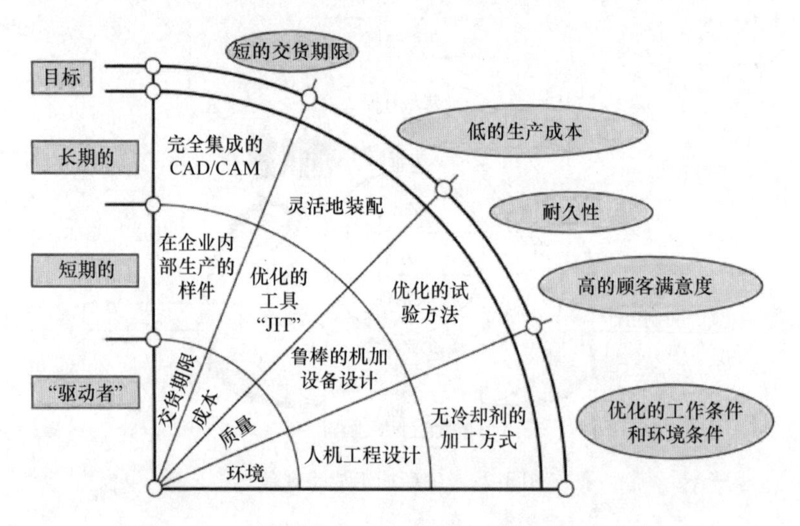

图 3-24　在生产加工工艺中的一个循环规划的实例

对于其他的目标任务，“短的交货期限”“低的生产成本”“耐久性”和“高的顾客满意度”也是同样情况，同样应借助短期的和长期的实施措施来达到各自的目的。

以同步－工程－流程为出发点，即从生产加工、供应商和产品开发之间的直接交流流程出发，“驱动者”确定结构设计特点，由此确定生产加工工艺(图 3-25)。在图 3-25 右侧引入了决策矩阵。如果是新的工艺，必须存在一个所谓的备份规划（Back－up－Plan)，当新的工艺在规定的时间节点（车辆－项目控制节点 <H> 及 <7> 发动机项目控制节点）显示出一个很高的风险时，那么该备份规划可使生产加工得到保障。在这种情况下，必须借助于附加的备份规划追溯现有的情况。

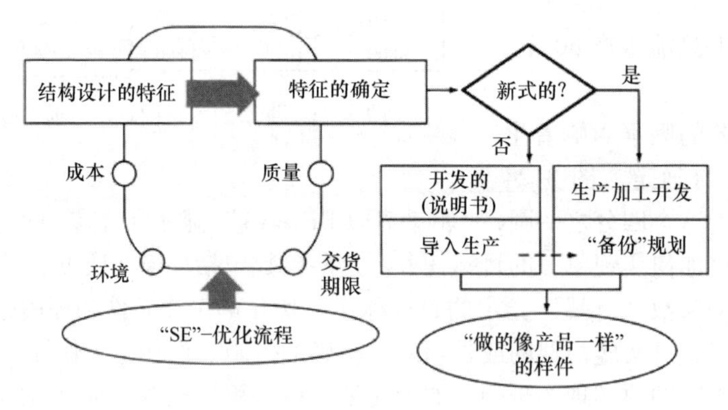

图 3-25　生产加工工艺的确定

如果可以从“规则”（书架）中找到或已存在于生产过程中的一项工艺，那就不是新颖的。对于一项新的工艺，在样机阶段就必须检测和验证该项新的工艺及备份的工艺以防高风险。

如果生产加工工艺确定了，就不能过于严格，以至于不再可能应对外界的突然影响。生产加工灵活性表明产品和生产加工的能力，即对市场需求做出最快的反应，提供一件满足顾客愿望的合适的产品。

从一个普通的结构设计方案和生产加工方案出发，零部件数量的灵活性和产品的灵活性之间是有差异的。零部件数量的灵活性可理解为在最大的生产加工能力范围内生产不同类型的产品的生产加工。例如，在同一条流水线上生产 OHV（顶置气门）及 SOHC（单顶置气门）发动机，必须有足够的灵活性，对以何种比例生产各种发动机并不在意。在年产量最多为 650000 台时，可以按市场要求生产 100000 台 OHV 发动机和 550000 台 SOHC 发动机或者反过来生产 550000 台 OHV 发动机和 100000 台 SOHC 发动机。

产品的灵活性是指可以以最小的成本和规划时间投产新的产品种类。例如，由生产四缸发动机迅速更换设备改为生产三缸发动机。

图 3-26 更加精确地定义了生产加工技术上的要求。对于 1 ~ n 种产品类型，产品的灵活性划分为相同的、相似的或不相同的结构形式、基础件及附件。图 3-27 对此进行了解释。各种组件以自身的结构特点来加以区分，这些结构特点对于各自类型的生产而言是可改变的或者是不可改变的。

生产加工技术上的要求				
	产品的灵活性			
	1	2	3	… n
结构形式		—— 相同 ——		
基础件 ·气缸体 ·气缸盖 ·曲轴 ·凸轮轴 ·连杆		—— 相似 ——		
附件		相同/相似/不同		

图 3-26　大批量生产的发动机族谱的模块化结构

例如，依据“相似性”这个概念，当只有气缸体顶面高度和缸径是可变的，而气缸布置、材料、缸心距和曲轴轴承直径不可变时，对所有的气缸体的零部件进行分

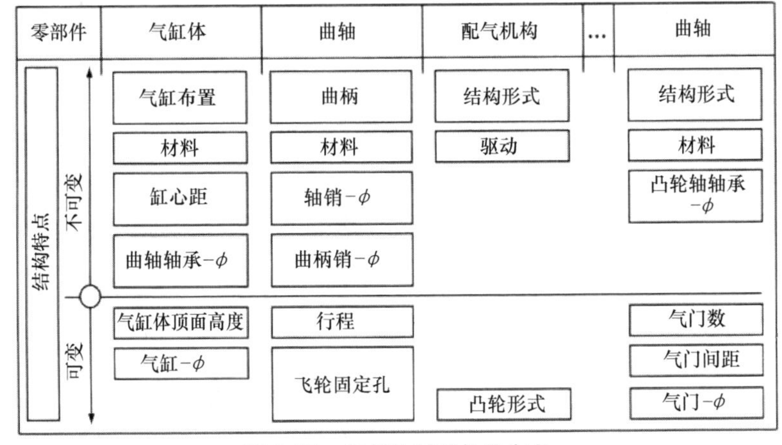

图 3-27　相似的基础件的定义

类。图 3-28 显示了气缸体这些不可变的结构特征。图 3-29 所示是零部件的可变的结构特征。在给定的基本尺寸框架范围内，为了获得更大的排量，活塞的直径是可以改变的，气缸体顶面高度在两款不同的机型中是可以调节的。另外，可以有两种不同的连杆长度和曲轴半径。

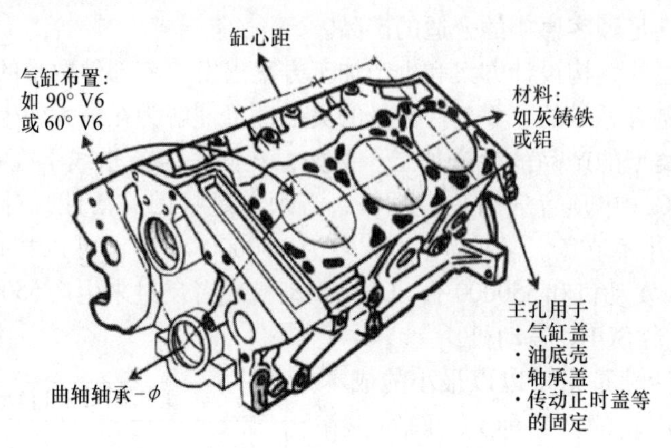

图 3-28　在气缸体上不可变的结构特征

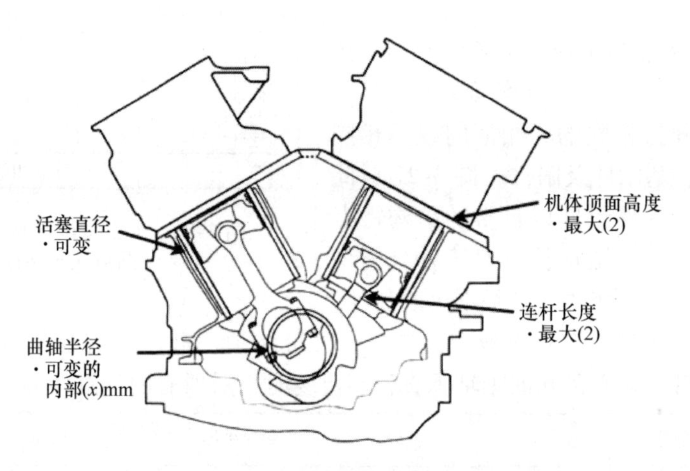

图 3-29　在气缸体上可变的结构特征

制定生产加工工艺的另一个准则就是确定预先给定的零件位置，如顶置凸轮轴的位置。图 3-30 左侧为二气门结构制造方法，右侧为四气门结构制造方法。从图 3-30中可看出，对于两种方案，凸轮轴位置是相同的。因此，在较短时间内可以以较少的投资由二气门式改为四气门式，从而实现生产的灵活性，设计任务书中应该对这方面有所要求。

必须尽可能利用好生产加工灵活性的类型，如机加工设备流程、材料、扩展、厂址及人力资源，图 3-31 列举了几个例子。用相同装备生产更多不同类型的产品，如生产同一系列的 1. 6L、1. 8L、2. 0L 排量的发动机。另外，还必须要考虑到诸如

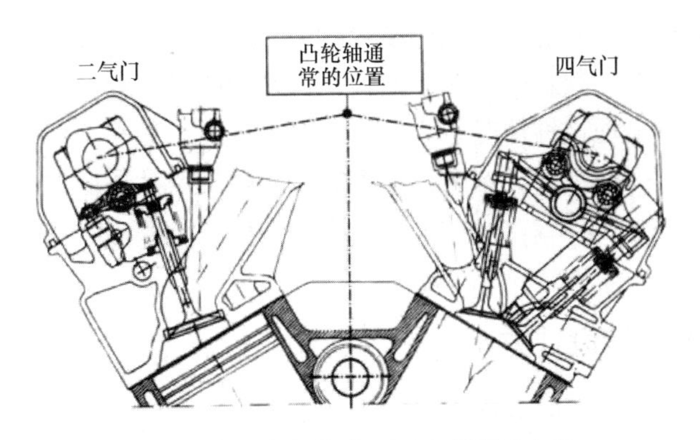

图 3-30　配气机构中不可变的驱动方案

对员工的培训。必须按照工资及附加成本结构来确定自动化程度。

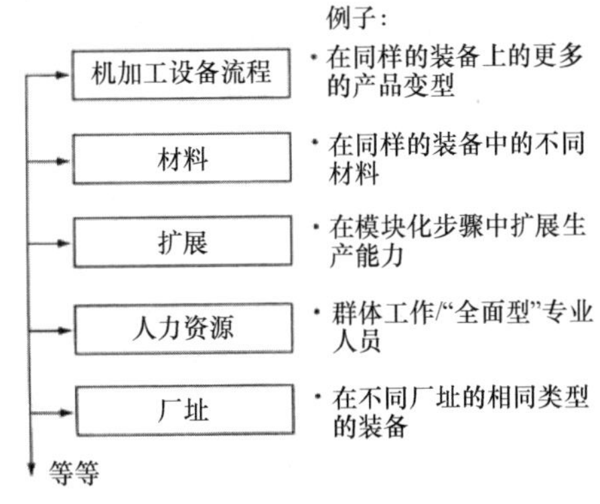

图 3-31　生产加工的灵活性的类型

关于生产加工战略设计的另外一个很重要的观点就是机加工设备的灵活性。如果一种生产加工流水线已经使用了超过 10 ~ 15 年，那么在这段时间内由于市场的需求，产品的开发颇受压力，就必须要更新换代。现在的问题是如何在整个系统中计算这个投资额。图 3-32 显示了某发动机族谱中的三代产品。第一代是这款产品的基本设计。大约在生命周期的中期要根据产品的改进对机加工设备实行第一次改进，进行再一次更新后生产第二代或第三代产品。

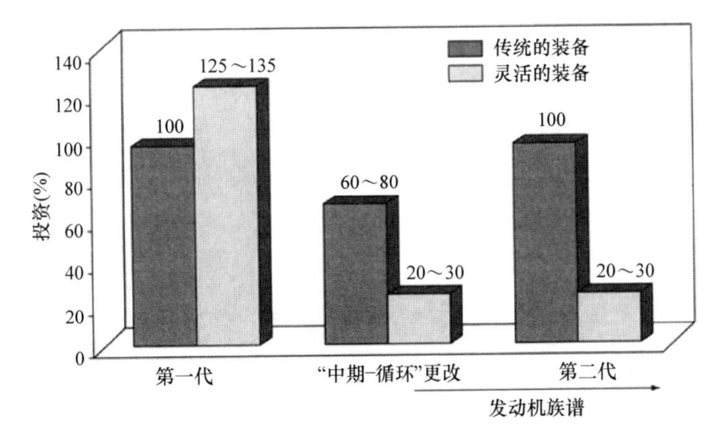

图 3-32　机加工设备的灵活性

如果要新安装一套灵活的设备，首先要多支付25% ~35%的费用，这在第一次更新，比如说要在一款新的汽车上配置一台发动机时，通过在气缸体上改变不同的悬挂点，就已经出现这种情况了。在下一次改进时，如移到新的气缸盖上，就完全收回了最初的更高的投资。这里，生产加工战略的设计还应包括后期对所期待的市场要求的适应性，由此，不仅在成本结构，而且在快速实施方面都体现出了优势。

3.1.6 可供选择的设计方案

为了能获得可供选择的设计方案，在前期就需要做一些基础性的决定。例如，必须决定应该开发哪一种发动机设计方案：二冲程、四冲程、4缸、6缸、V10、V8或V12。图3-33展示了决策树，这个决策树描述了不同的决策（由一个分叉点来加以说明），这些决策都是在开发进程中会碰到的。这些决策可能很好，也可能很差，因为通常只有事后才能评估这些决策的正确性。因此，做出决策的早期的时间节点是极其重要的；由于一个一次性遇到的差的决策（用粗的箭头表示）所带来的不利影响即使之后通过做出更多的好的决策也都无济于事。最理想的情况就是决策的结果是沿着向上方引导的、最靠外边的线路。比如，要制造一款“3L油耗汽车”（油耗为3L/100km），如果在开发时间起始点就决定采用排量为1.8L的4缸发动机，还没有如此“好”的技术可以弥补这个错误的决策，而每一个竞争对手都选择采用排量低于1L的3缸或4缸发动机这种更好的方案。

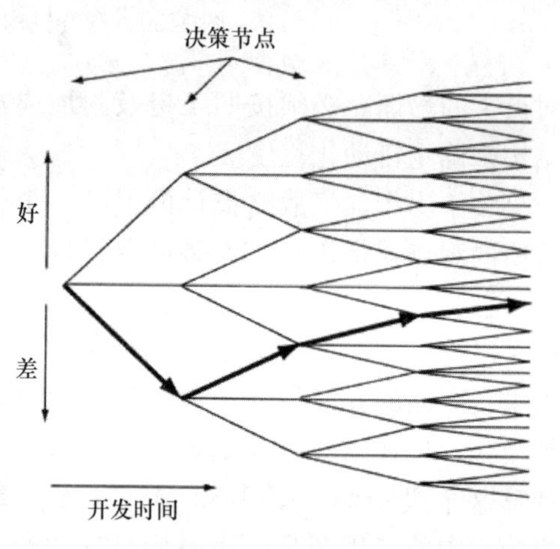

图3-33　决策树

在早期阶段不仅必须把发动机方案作为一个整体方案来确定，而且也必须确定发动机的每一个单元零部件。比如，这里应该要关注发动机气缸体结构的设计方案。对于一款新的发动机的气缸体结构设计，在开始详细的结构设计之前，必须要做出如下一些战略性的决策：

- 气缸体结构：短机体或长机体；
- 材料：铝或灰铸铁；
- 主支座连接：单独的支座盖或支座－纵向连接，或一个所谓的支座扣带；
- 油底壳类型：金属板片或承载式铝结构。

那么，现在到底要按照何种规范来针对一个或其他的可供选择的方案做出决策呢？一个重要的规范就是传动机构的弯曲固有频率，弯曲固有频率可以借助CAE计算（FEM）来确定。同样，也可借助FEM来确定辐射的噪声，通过使用CAD/

CAE 模型的评估可给出零部件的重量。借助于 CAE 计算表面压力和膨胀性能可评价密封性能。然而，工程师的评价才是最重要的。开发工程师决定是否存在开发风险，即在开发和生产加工方面采取措施的费用。

在开发一个新的发动机机体时，研究不同的结构设计方案有利于决策的确定（图 3-34）。在图中的例子中，共有 20 个方案可供计算和评估：首先有短机体和长机体之分，对于这两种方案自身又可采用两种不同的材料，油底壳方案还有金属板片油底壳或承载式的铝结构油底壳方案可供选择。

由图 3-35 可明显看出发动机 – 变速器单元弯曲频率的重要性。图中显示了摆轴 – 支承位置与传统的直列 4 缸发动机的支承位置的比较。大部分乘用车采用前轮驱动、发动机横置的方式。发动机 – 变速器单元的支承类似一种称之为摆轴的布置方式。如果气缸体或气缸盖的支承位置与变速器中的支承位置相距甚远，传动机构的弯曲振动将处于临界状态。对于绕着摆轴振动不敏感的摆轴 – 发动机支承对弯曲振动的反应很敏感，这意味着，临界的弯曲固有频率必须处于发动机运行范围之外。另一种观点则认为：这个频率必须尽可能高。

根据发动机最高转速可算出一台 4 缸发动机相应的二阶的最高激振频率（图 3-36），如 6000r/min 时达到 200Hz。由于所使用的材料和零件的结构会产生自阻尼，这个自阻尼会导致谐振振动的衰减，从而使得在低频，即发动机低转速时，可能已经产生了激振，因此相应的安全性裕量是非常重要的。根据仿真计算可以确定传动机构的振动（图 3-37）。

例如，在第一种情况下，弯曲频率为 136Hz。这个最小值是不能容忍的，因为这会出现声学上过高的现象，如在车速达到 130km/h 可能会产生“嗡嗡频率”。如果选择第二种方案，即采用承载式的铝结构油底壳来替代金属板片油底壳，固有频率可达到 276Hz。

正如上文所提到的，密封性是另一个重要的标准。在产量较大时每个密封件在 10 ~ 15 年的使用寿命（不仅是一定的行驶里程，而且还有使用时间）内必须是绝对密封的。

当存在下列现象时，密封性存在着潜在的问题：

- 密封表面不平整（如短机体的主支座处密封）；
- 密封面更大引起的不密封（如支座扣带与气缸体和油底壳都有密封表面）；
- 存在 T 形接合点（连接时必须同时在 3 处密封）。

应尽可能地避免 T 形接合结构，因为不同于都是手工组装的样件制造，当每天生产 2000 件时，3 个一起的密封位置可能会带来密封问题。

为了最终确定发动机气缸体的配置，可以使用一种矩阵的方式对评判点进行评估（图 3-38），给出结果。对于使用灰铸铁的气缸体变型，由于弯曲固有频率未能达到 240Hz（Nogo – 决策），这些可选方案已经被淘汰了。在这种情况下，采用长机体、支承纵向连接、铝油底壳拥有最多的正面的点数。

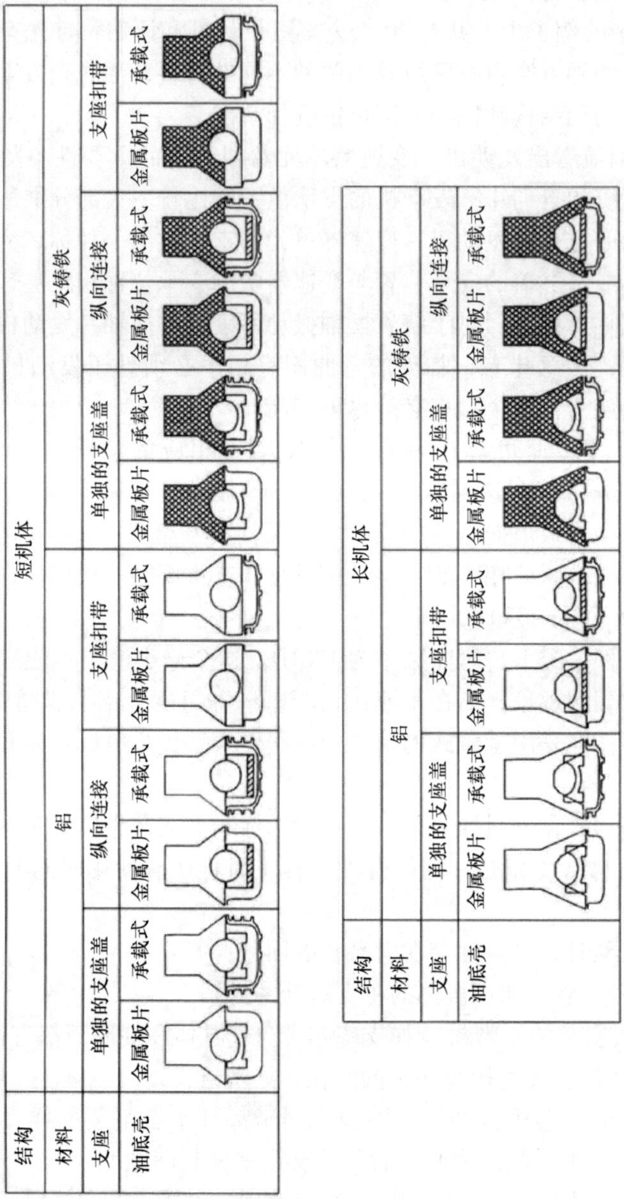

结构	短机体											
材料	铝						灰铸铁					
支座	单独的支座盖		纵向连接		支座扣带		单独的支座盖		纵向连接		支座扣带	
油底壳	金属板片	承载式	金属板片	承载式	金属板片	承载式	金属板片	承载式	金属板片	承载式	金属板片	承载式

结构	长机体							
材料	铝				灰铸铁			
支座	单独的支座盖		支座扣带		单独的支座盖		纵向连接	
油底壳	金属板片	承载式	金属板片	承载式	金属板片	承载式	金属板片	承载式

图 3-34　结构设计方案

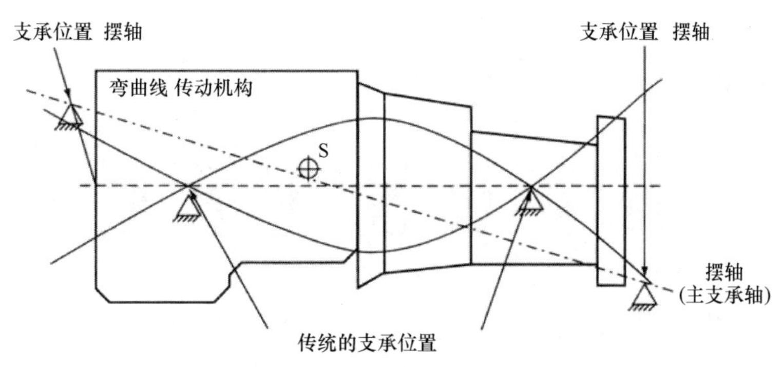

图 3-35　通过发动机支承位置变化影响传动机构的振动传递

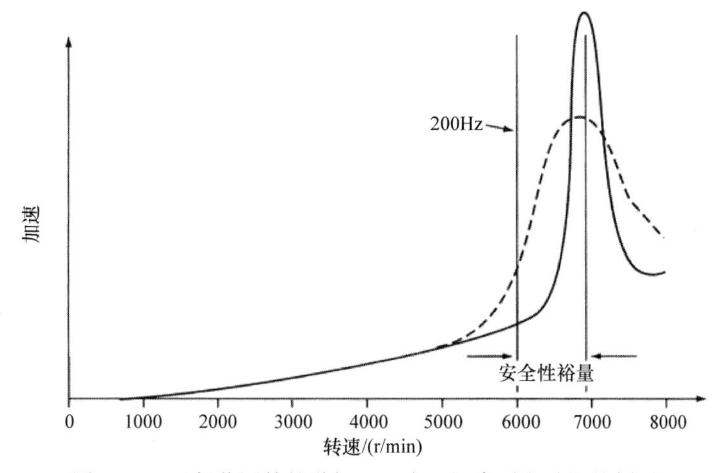

图 3-36　运行范围外的谐振，一个 4 缸直列发动机的例子

序号	机体结构	承载式油底壳	支座扣带	CAE/工程师评估	弯曲频率/Hz	评语/推论
1	短	否	否	CAE	136	期望最小
2	短	是	否	CAE	276	期望最大
3	长	否	否	CAE	180	成本合适，但弯曲频率太低
4	长	是	否	评估 (CAE)	276 (292)	期望：如2号那样坚硬
5	短	否	是	CAE	260	只有支座扣带?
6	短	是	是	评估 (CAE)	276 (297)	期望：如2号那样坚硬

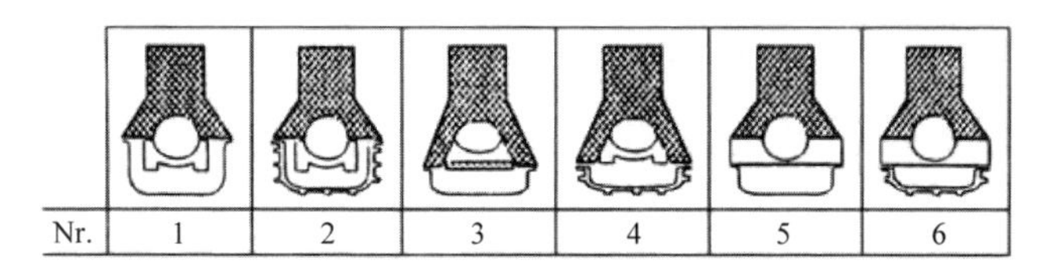

图 3-37　传动机构振动的仿真计算

结构	短机体				长机体			
材料	灰铸铁				灰铸铁			
支座	单独的支座盖		支座扣带		单独的支座盖		纵向连接	
油底壳	金属板片	承载式	金属板片	承载式	金属板片	承载式	金属板片	承载式
弯曲频率 目标：240Hz	NOGO 136	++ 276	+ 260	++ >270	NOGO 180	++ >270	NOGO >170	++ >270
密封		0	–	–		++		++
重量		0	0	0		0		0
噪声		+	0	++		0		+

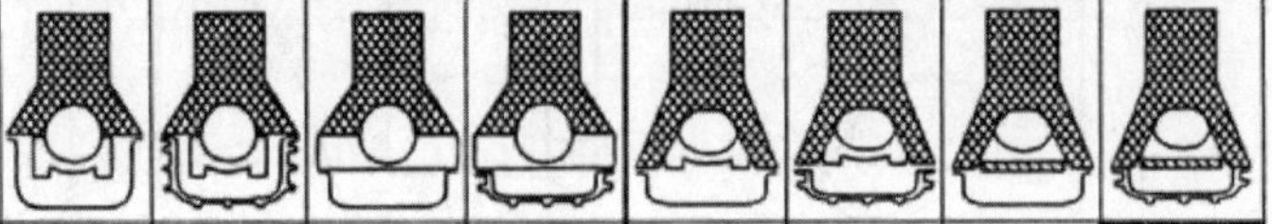

–– – 0 + ++
负面的 正面的

图 3-38 决策矩阵

3.1.7 公司战略性的观点

为了完善设计任务书，除了顾客的愿望、环境方面的法规、质量管理、财务分析外，还应考虑企业的理念。新的产品必须归入到整个企业的战略范围之内。汽车制造商福特的愿景是：我们把自己视为提供高质量和低成本产品和服务的制造商。由此形成了不断完善福特－产品和福特－服务能力，从而给顾客不断地带来利益的责任和义务。

从这些责任和义务中可得到基本价值和指导原则。下面的这些基本价值属于企业的理念：

人员：我们的员工是我们的力量。承诺和团队合作对我们来说具有最重要的价值。

产品：应符合顾客的愿望。人们看到我们的产品就如看到我们。

利润：利润是顾客满意度的尺度。盈利是市场生存所需要的。

按照企业的结构，根据由此给出的指导原则可以推出其他的一些形式或想法：

- 顾客是我们工作的重心；
- 质量是我们最高的信条；
- 不断追求完善会带来明显的效益；
- 经销商和供货商是我们的伙伴；
- 完全诚信；
- 让员工参与其中，对我们来说是不言而喻的。

每个企业的理念的中心点就是设定一个目标，以此来引导企业的整个经济发展。在 20 世纪 80 年代，在美国，更多的是通过所谓的“掠夺者”（Raider）进行的公司收购活动，即在证券交易所收购那些经营不善的企业，对其进行整顿，然后通过转让获利。当时在德国，由于企业之间自有资本的竞争带来了相当高的利润率，因而未出现这种现象。

不管在德国还是在美国都可能出现：自有资本拥有者，即所谓的股东，其兴趣必须成为企业商务的中心。由此提出了企业的价值取向，也就是时髦词“股东价值”，企业的思想和商务处在这个中心。

按照股东价值观，企业的定位首先必须是资本市场。一个企业必须获得利润，这个利润高于普通的、附带风险的市场利息。如果达到这个目标，企业的价值就会提升，通常可以通过上涨的证券交易所牌价体现出来。

股东价值计算方式如下：未来利润的当前的现金价值，即所谓的资金流转，是通过所有包括投入资金的利息在内的付现和偿还的差额来确定的。这种方法本身并不是新创的，而是以企业销售部所熟悉的传统的预期收益法为基础的。但是在这种估价方式中，新创的是借助于预期收益法可以在战略上控制和调节整个企业或个别的业务范围。这种方法允许公司管理层评估企业哪些部门是有利可图的，哪些部门不能带来资本成本。相应地调整、控制投资，以至于能自动地将投资引导到那些可扩大企业价值的地方。

原则上将股东 - 价值法分为三个步骤。第一步是评估整个业务范围，第二步是鉴定价值生产者和所谓的价值毁灭者，基于第二步，第三步是定义核心权限和用企业战略性观点来决定投资、发展和兜揽生意。每个企业业务范围的比例都是相对的，也就是说，是由企业和社会特定的视角来评价的，可以按照企业的不同而取消。为了实现股东 - 价值法的转换，需要在各个员工的整个层面给予相应的鼓励。员工通过相应的培训措施，不仅要理解企业的真正价值，而且由此通过诸如价值取向和企业发展，利用股份优先购买权积极参股，这是很有必要的。

3.2　设计任务书的实施

顾客需求分析、质量规划、环境方面的观点、财务分析、生产加工战略的规划、可供选择的方案以及公司的战略性观点的考虑都将归入临时性的设计任务书中。

表 3-4 显示了一份 2.0L 汽油机的设计任务书中的部分摘要。接下来的步骤就是设计任务书实施的规划。

设计任务书包括所有功能性的目标设定（质量目标、发动机特征参数）、财务目标设定和时间规划，这里由项目控制节点的约定来表示。

表 3-4 2.0L 汽油机的设计任务书

特征	目标值
● 质量	
· 顾客满意度	>95%
· 质保能力（R/1000，12MIS）	70
· 顾客投诉（TGW/1000，12MIS）	30
● 发动机特征参数	
· 功率和转矩	
+最大功率	100kW
+最大转矩	190N · m
+1500r/min 时最大转矩	145N · m
· 油耗	
+在 WWMP（1500r/min，262kPa）时的比油耗	320g/kWh
+摩擦［1500（r/min）/4000（r/min）］	97/169kPa
· 怠速	
+转速	700r/min
+稳定性（每小时 p_{mi} 的偏差）	<10kPa
· 废气排放（裸机排放）	
+CO（MVEG）	<8.0g/km
+HC+NOx（MVEG）	<3.1g/km
· 发动机噪声	
+3000r/min 全负荷噪声辐射	<87dB（A）
+3000r/min 无负荷噪声辐射	<82dB（A）
· 振动	
+驱动机构的弯曲自振频率	>300Hz
+辅助传动机构的自振频率	>300Hz
· 重量	
· 起动时间	
+在热机状态	90% <0.5s，1s max.
+在 -20℃室外温度状态	<2.5s
● 财务	
· 单件成本	1000 马克/件
· 开发成本	1.2 亿马克
· 投资成本	18 亿马克
● 时间规划	项目控制节点

3.2.1　流程实施规划

流程实施规划包含了开发流程的整个实施过程的理论基础。它给出了开发流程单个活动的规划信息，但不可以把它与生产加工流程的实施规划相混淆。为了规划开发流程，有必要考虑更改自由性随时间的变化。关于更改自由性，在这里应该是在开发阶段存在修改的可能性。流程实施规划始于项目规划结束，以及基于项目规划，包括方案选择、结构设计阶段和验证过程（图3-39），最后借助于样机试验来检验目标设定的实现。该步骤完成之后就意味着产品开发流程的结束，并且进入生产阶段（Job1）。

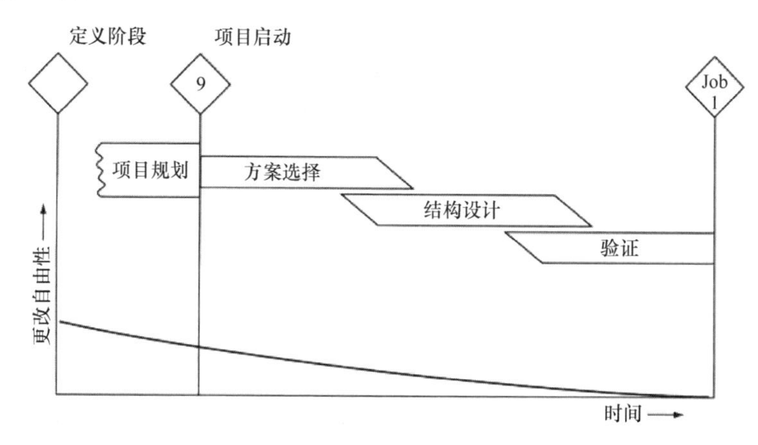

图3-39　流程实施规划

在定义阶段，开发工程师的更改自由性相对较大。在方案选择阶段，还可以在项目启动阶段确定的“成熟到进抽屉”的技术之间做出选择。随着开发流程不断推进，决策自由性也不断降低。在临近生产时，不再有这种自由性，当然也没有必要有这种自由性。

图3-40显示了更改必要性随时间推移而递减的曲线，一个重要的且不言而喻的基本前提，就是计算结果和试验结果，使工程师越来越接近目标设定这样一个事实。更改的必要性可用数学公式来表示。这里的A代表一张气缸体图样中所包含的所有信息的数量，这个数量最迟在结构设计阶段开始之前是不变的。B定义为最终确定的信息的数量。像气缸孔间距或气缸体高度之类的一些主要的尺寸就属于上述信息量，而其他一些细节上的尺寸在早期的时间节点还不需要确定。当更改必要性X变得越来越小，为了能达到Job1，从开发方面来说就必须有更多的规则。即使在稍后阶段中竞争对手提出了完全不同的方案，也不可以放弃曾经选择的方向。

更改自由性（这里：Y）受到生产加工设备的规划和配置的限制（图3-41）。为了启动开发流程，生产加工设备的规划、结构设计及配置要求一个较少的、但应稳步增长的最终确定（或所说的冻结）的产品定义，以及产品特征或产品参数

（阶段性的数据签发）的数量。为了定购生产加工所需的机加工设备，生产加工工程师希望在某一确定的时间节点不再有更多的可变更的数据，开发工程师必须遵守由此定义的边界曲线。

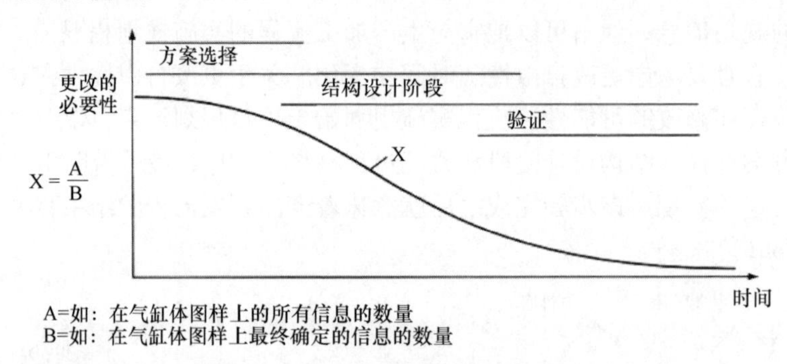

图 3-40　更改的必要性

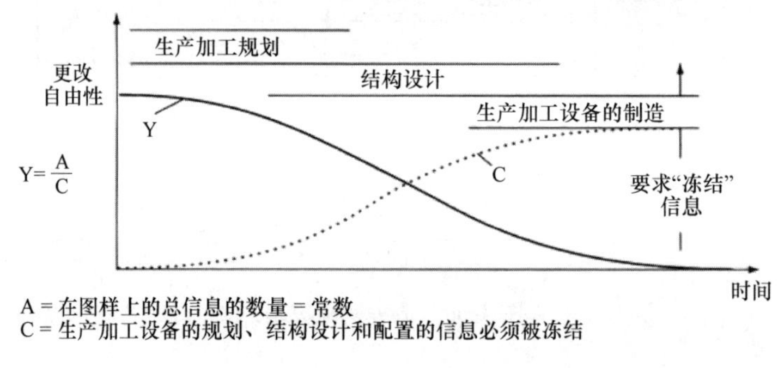

图 3-41　通过生产加工设备的规划和配置来限制更改自由性

进一步限制更改自由性（这里：Z）不仅仅是由生产加工方面的因素决定的，通过车辆开发也会限制更改自由性（图 3-42）。整车总是包含在发动机开发之中，在发动机开发期间，总是朝给定的发动机开发目标进行，整车的开发要考虑到整个系统的优化，也就是说发动机像传动机构或底盘一样只是一个子系统。在开发流程开始，整车开发要求少量的、但是数量是持续增长的、最终确定的不再更改的发动

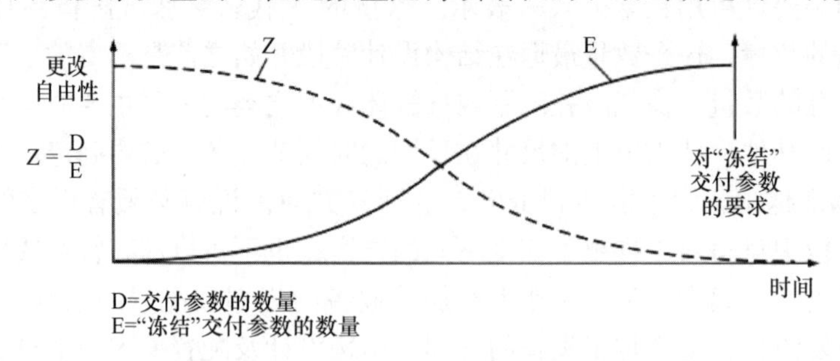

图 3-42　通过车辆开发来限制更改自由性

机特征量。这里不仅包括油耗、转矩或功率，而且还必须或可以包括诸如附件的大小（外形尺寸）之类的信息。确定 4 缸发动机的结构安装框架之后，不能改装用于安装 6 缸直列发动机。

持续地与整车开发相联系与关注生产加工一样重要，两者都要求发动机开发时阶段性地签发数据。在一个同步构建的开发项目中，更改曲线不仅影响，而且通过生产准备和整个系统开发限制更改自由性（图 3-43）。曲线 X、Y、Z 所包围的曲线面积积分值就是剩下的更改自由性。

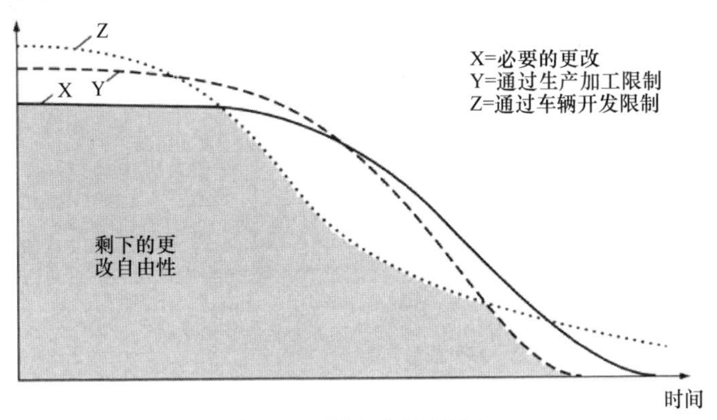

图 3-43　更改曲线的叠加

为了协调发动机开发规划和车辆开发规划，在结构设计阶段就要开发发动机，且要制造出样机（图 3-44）。发动机样机除了要在发动机试验台上进行发动机特有的验证试验外，还要安装在整车样车上并进行整车试验验证。这些经过测试验证的整车样车与发动机样机，是由量产的工具制造出来的，这些工具之后将用于实际生产中。

图 3-44　发动机开发规划和车辆开发规划的协调

在制定流程实施规划时，开始生产过程（Job1）且观察之前所有流程步骤是非常有意义的（图 3-45）。为了检测和证实机械设计师在实际中是否能如结构设计人员要求的那样装配各部件，在生产之前应构建功能结构，再用第一辆车检验这些功能结构。发动机的开发基于整个生产加工系统的结构。如果以整车生产为出发点，必须意识到尽早地启动发动机的生产。很重要的是，必须在整个系统之前已经确定单个零部件的生产启动的条件。对于生产加工工程师来说，在 Job1 之前首先是对发动机生产加工流程的验证，然后是生产加工流水线的建立、安装和调试。为了能及时导入上述任务，在开发期间，必须阶段性地签发结构设计数据。这也意味着，必须给出一个时间节点（控制节点 <4>），从该节点起，不可再做任何更改，即使开发工程师自己想要改善产品特性在开发和验证过程中所出现的欠缺。

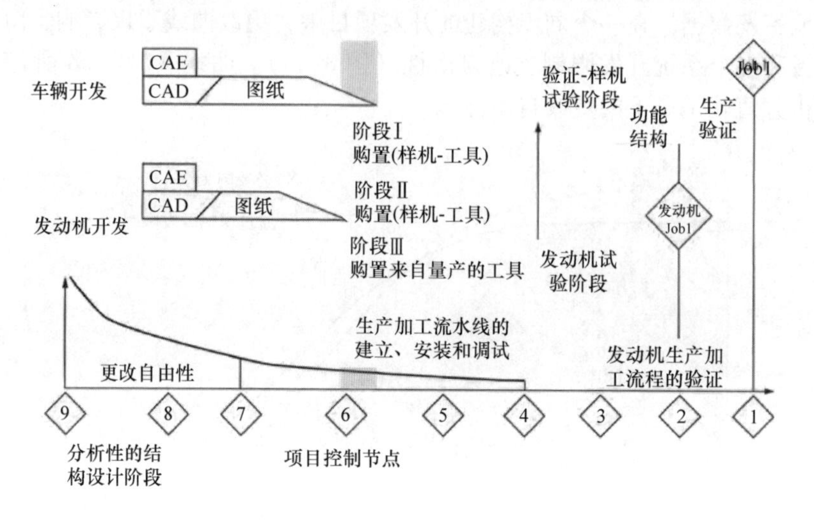

图 3-45　流程实施规划的制定

为了优化设备购置时间和测试时间，用不同的制造方法（不同的制造时间）生产样机，当然按同样的图样来生产加工。第一批样机（阶段 1）在 3D 固态模型及 CAM 基础上采用接近生产设计的自由成型 - 制作方法（快速成型法）来制造。接下来的样机（阶段 2）建立在接近生产的生产加工方法。第三阶段和最后阶段要求所有的发动机零部件，包括所有用于将发动机安装到车上的零部件（接口零部件：如发动机悬架），通过有代表性的生产方法来生产加工。样机零部件用于相应的所规划提供的部件试验、系统试验、发动机试验和整车试验。所有 3 个样机阶段均支持一个仅用于验证的试验阶段。

在量产开发的最后，将对生产加工流程进行验证。同步进行规划、订货、生产、装配、生产加工设备的试验，以及平行地启动量产工具的制造，这有助于在最终的签发之后（控制节点 <2>），从时间上优化量产工具的生产加工制造。应该由此追溯流程实施规划的构建、量产工具的购置，以及发动机试验阶段和整车试验阶段。

现在的问题是如何控制和监控流程的实施？借助于项目控制和监控，在每个时间节点都可以清楚看到开发进程处于何种状态，也就是说，直到目前完成了哪些要求，在哪些方面还必须加以干预。图 3-45 中项目控制节点 <1> 到 <9> 定义了确定的措施，即到某一确定的时间节点从外部交货或给出具体的要求。

图 3-46 以控制节点 <7> 为例说明如何确定项目的监控。在此需要专门的验收

规范，这包含技术本身、生产加工、开发目标、财务框架和资源。在项目控制节点 <7 >，比如必须明确该项目需要多少位工程师，是否能够真正提供这么多工程师，需要多少 CAE 资源，是否这些资源已准备好了。为控制节点 <7 >创建的验收报告为技术和生产加工提供了确定的规范。

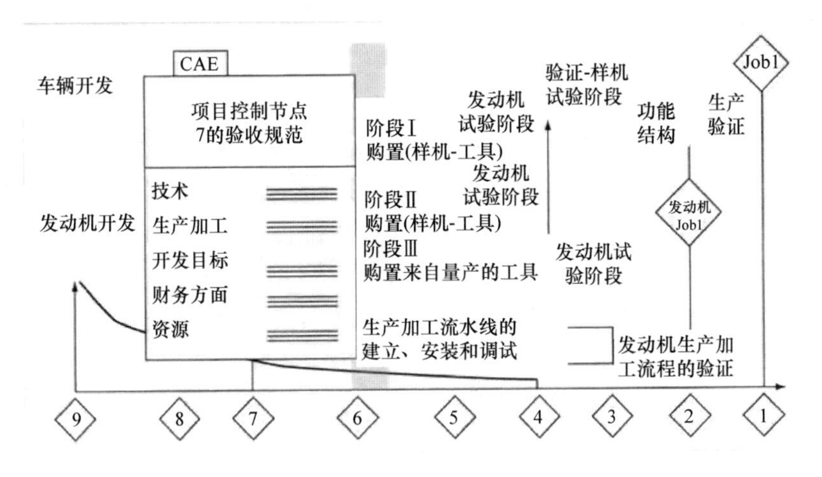

图 3-46 项目监控的确定

技术

- 完成主要零部件材料流程和生产流程的选择；
- 分析摩擦和辅助驱动装置带来的损失；
- 完成热平衡；
- 整车 - 外形尺寸检验；
- 完成润滑系统分析；
- 发动机基本尺寸调整。

此时，应解答诸如使用铝还是灰铸铁气缸体这个问题。通过单独的清单逐步地实施是很重要的，例如不允许在稍后才进行热平衡分析，因为这样的话，整车开发在这种情况下仅仅是冷却系统开发，就有可能在错误的边界条件下进行深度开发，或者不能按规定的时间规划完成开发任务。

生产加工

- 确定机加设备供货商；
- 完成对规划、制造、生产加工流水线的工作规划。

比如，这里必须确定，哪个供应商提供曲轴流水线的机加工设备，因为否则的话，机加工设备的布置时间节点就会出现问题。

在经过控制节点 <7 >阶段，必须实现“相对精确”的目标，下面一些规定可作为参考。

目标范围目标精度

- 辅助设备消耗功率 ±5%
- 油耗 ±5%
- 排气系统功率损失 ±5%

业务方面目标精度

- 确定变化的成本 ±10%
- 投资成本 ±10%

工作规划以及资源规划同样应包括在整个开发规划之中。如果在某个时间节点缺少必要的生产资料，项目就不能按照各自的验收规范来实施。按照项目控制节点，开发工作的全部规划可逐一实现。所谓的资源配置可用于不久的将来进行精细规划，其又可细分到各个部门的配置，如（样机部件的）结构设计或采购。对应于每个控制节点，必须包含分析性的结构设计（采用 CAD 工作站的设计者），以及使用 CAE（CAE 专家，包括电脑设备）还有稍后的试验台规划。

在整个规划的进程中，在开发流程中可能不容易从外部发现干扰。理论与实际之间很少有一致之处。因此，几乎所有项目在实施过程中都可能受到外界一些未知因素的干扰。由图 3-47 可以看出，控制节点 <5> 在加工过程中发现一个中期目标没有完成。原计划按 A 到 E 各个任务的逻辑顺序来完成，实际中，任务 A 已经表明这一部分花费的时间比预先规定的要长，从而又影响下一个任务的完成。到达控制时间节点时，任务 C 还未结束，可是按计划这时应开始执行任务 D 了。

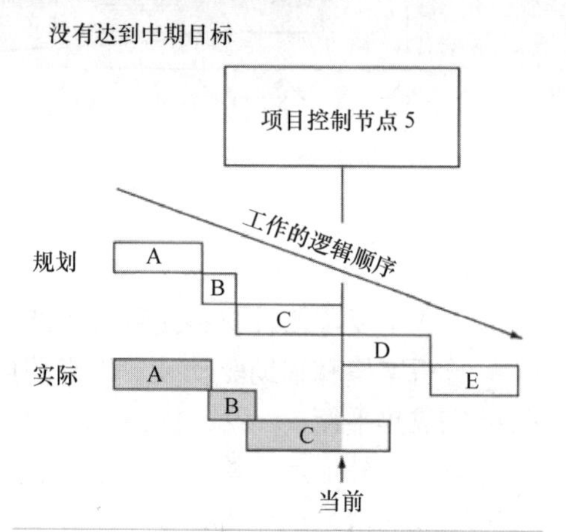

图 3-47　由于时间规划的偏差对开发流程的干扰

现在有几种不同的方法来消除开发流程中的干扰，或者即使不能消除，也可能可以减少这些干扰。注意：这里所显示的方法并非只有优点，同时会也带来明显的缺陷。

措施影响

1. 后续活动也被同样推迟。

- Job1 的推迟
- 推迟平行部门的活动
- 新的资源配置不再与预先确定的资源相匹配

2. 不再遵循逻辑顺序，工作平行进行

- 提高了发现错误为时过晚的可能性。
- 重复试验，必须报废订购的工具或样机零部件的风险，在极端情况下，只能推迟 Job1

－ 质量下降

3. 重新规划之后的任务

－ 缩短时间

－ 经常不太可能实现（当原先已经计划好其他顺序），为了在很短一段时间和资源上进行优化后重新吻合原先的规划

－对资源需求提高（员工、材料、设备）

－ 可能会降低产品质量

如果按措施 1 那样推迟之后的所有工作，而且人们可以接受购买的新车不在春天上市，而是在秋天才上市的话，这对于销售部门来说一般是不能接受的。广告、新闻报道和其他一些营销活动都集中在春天，如果新车不能准时推出，企业将遭受巨大损失。由于许多项目在发动机开发中同时运行，因此将活动转移到其他部门，会导致在那里发生连锁反应，进而危及其他项目的进展目。

不遵循措施 2 的逻辑顺序可能会带来较高的差错率。如果已预定了零件也必须要报废，当人们考虑到一台发动机样机成本在 100000 ~ 300000 马克，那么财务上的损失是很大的。同样，可能还有工具更改的附加成本（在极端情况下甚至要重新设置工具），在最不利的情况就是完全如同方案 1 那样导致 Job1 推迟。质量的降低肯定是存在的，因为从一开始可能就没遵守原先规定的质量规范。

重新规划接下来的工作看起来似乎是最保险的，重新规划就是尽快地取消旧顺序，以实施另一种顺序。但大部分情况下，先前的规划在时间方面已是优化过的，因而几乎不可能出现重新优化的可能性。尽管可能对员工、资源、设备和材料的需求提高了，但这里还是有可能会影响到产品的质量。

当项目执行过程时，目标改变了将会发生什么？开发流程应该是灵活的，以便于可以对顾客的愿望，以及来自于竞争对手的压力做出反应。但是，一个新目标设定会在开发流程中产生一个干扰，并且需要在商定的更改自由性范围之外进行修改（图 3-48）。其结果就是：测试结果、计算和已实施的工作在不同的部门将不再需

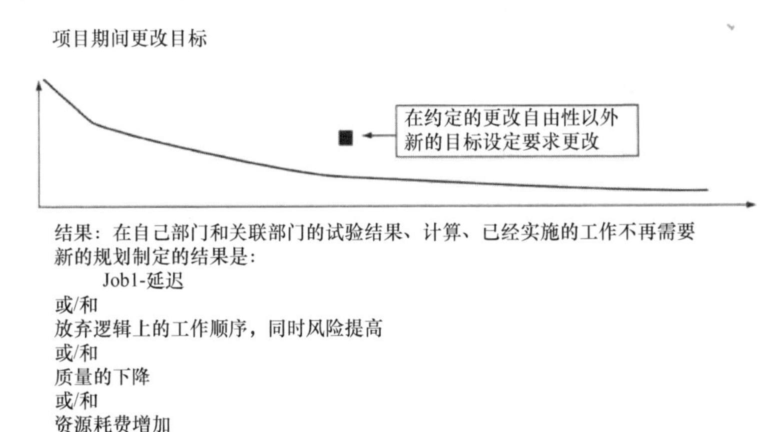

图 3-48　通过新的目标设定在开发流程中出现干扰

要。如变速器部门，在变速器开发过程中由于排量增加或利用增压使得发动机转矩显著提升时，对于及时开始的 Job1 可能就不能做出积极地响应。

因此，要求在项目规划时就应定义将来能达到要求的目标，从而根据可能性，尽可能保证更改内容不超过约定的更改自由性。

3.2.2 企业内部的开发规划和生产加工规划

不管是企业内部的还是企业外部的开发规划和生产加工规划，最重要的组成部分就是开发工程师和生产加工工程师尽早地同步合作。在造型设计阶段，结构设计者就必须考虑生产加工技术的重要性，也就是说，结构设计时就要针对各个零部件的功能进行约定和优化。同时还包括生产加工的要求，即鲁棒的和节省成本的生产加工流程。下面用一个气缸盖的造型设计的例子对来自设计工程师的想法与生产加工流程工程师的想法加以比较。

图 3-49 左图是一个含二气门的气缸盖（产品开发时所要求的结构设计），图中数字 1～7 表示不同的加工表面。相应地加工 7 个表面所需的机加设备也相对多一些，这样又会增加投资。

对此，生产加工工程师建议只要加工两个表面。为了使得气缸盖生产能够同时考虑到产品开发和生产加工两方面的要求，双方都需要做出让步。既有对产品性能的要求，也有对其可生产性的要求，决定加工 4 个表面（图 3-50）。质量要求（首先由一个“绝对可靠的”生产加工流程来确定）也影响到这个决定。生产的第一件与后面生产的上百万件一样，必须保证相同的质量。新的生产线必须避免曾经出现过的缺陷。在此，可靠性起到关键作用。比如说，可靠性以每 1000 件产品的返修量作为衡量指标。

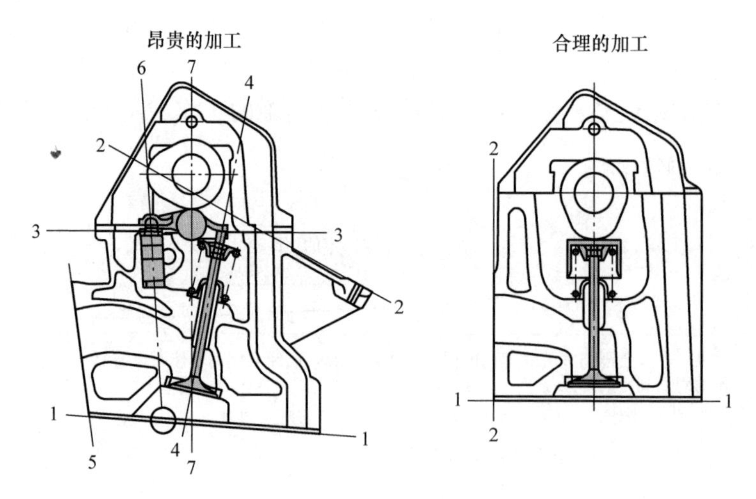

图 3-49 可能的加工表面

1～7—加工表面

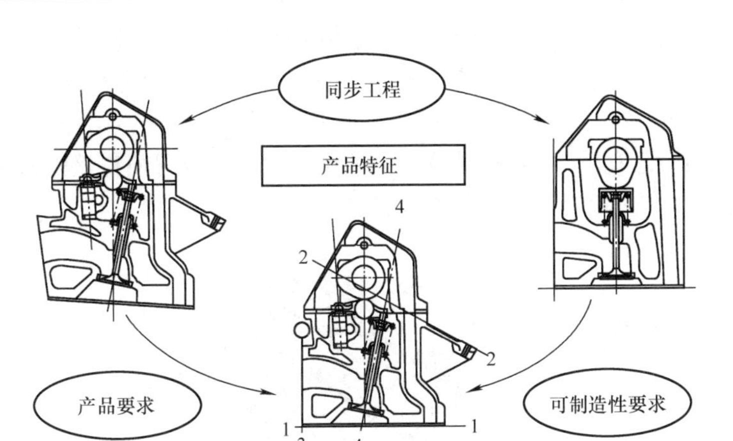

图3-50　流程优化

1～4—加工表面

图3-51明确地表示了质量规划的等级。先将发动机划分为几个子系统，然后就这几个系统将所有自己生产的产品A的返修量，与其他企业生产的产品B进行对比。由此可以看出在哪些方面自己生产的产品质量更好（结构、曲柄连杆结构、冷却系统），或哪些方面没有明显差距（配气机构、点火系统、混合气形成）。很重要的一点是借此还可看出更大的不足，如在密封方面，由此得到新产品的返修量的设定值。所有新开发的产品的目标值都要好于自己生产的产品，或其他企业生产的产品。虽然消除技术上的缺陷不可能100%达到目标，但必须将零缺陷战略作为更高的企业目标。

可靠性 修理/1000	实际状态 A 自己生产的产品	B 其他企业生产的产品	...等等	希望值 新产品
结构	3.00	4.00		2.00
曲柄连杆机构	0.30	1.00		0.50
配气机构	1.20	1.00		1.00
密封	16.50	5.00		2.00
冷却系统	1.60	2.00		1.00
润滑系统	2.50	2.50		1.00
点火系统	2.00	1.00		1.00
混合气形成	7.50	6.00		5.50
总计	34.60	22.50		14.00

所有数值都是虚构的

图3-51　质量规划

为了弄明白为什么在密封方面出现了大比例的返修量，必须对实际状态进行分析。图 3-52 指出了几种从外观上可能导致的漏油和缺陷的可能性。图 3-52 中 1 处为 T 型接合点，在此处必须对 3 个不同的表面加以密封（参考第 3 章 3.1 节）。如在量产中出现的公差可能在此起到关键的作用，同时也是产生不密封性的原因之一。另一个薄弱点（点 2）是缸盖罩中的油位，这样的设置使得该处的密封件总是受到机油冲击。在一段时间后该处密封性就会变差。

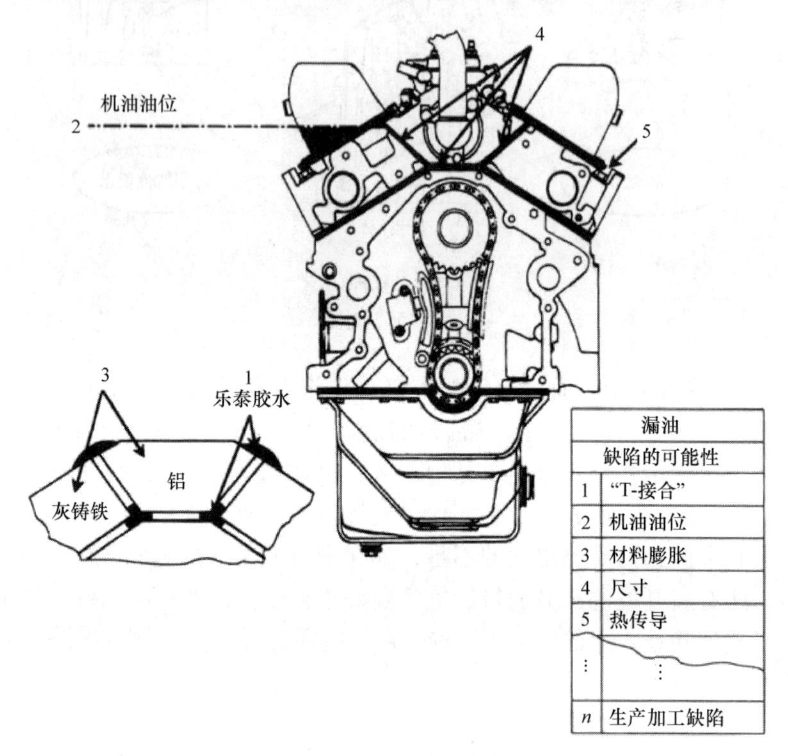

图 3-52　质量规划的实际状态的分析

点 3 研究的是材料的膨胀性。如果不论是气缸体还是气缸盖都是由灰铸铁制成的，而进气道连接件却是由铝制成的，不同的膨胀会导致不密封，因此必须由密封来补偿。另外一个准则是热传导，例如经过排气歧管时会产生热传导，由此建立了温度梯度，该温度梯度对周围部件的膨胀具有负面影响，并且可能在气门盖密封处超过允许温度。

通过图 3-53 可以看到一些改善气门盖密封的例子。密封材料中的两个沟槽起到的作用就是在第一密封层后还有第二次密封。承载板的作用就是确保密封件正确安装。另外，密封功能还与固体声—解耦共同起作用。

在图 3-54 再次显示出图 3-52 左侧所表示的缺陷根源。新的结构设计（右侧）考虑并克服了原先的不足。同样，当也采用铝制缸盖时，材料之间没有不同的膨胀系数，因而也就消除了缺陷 3。

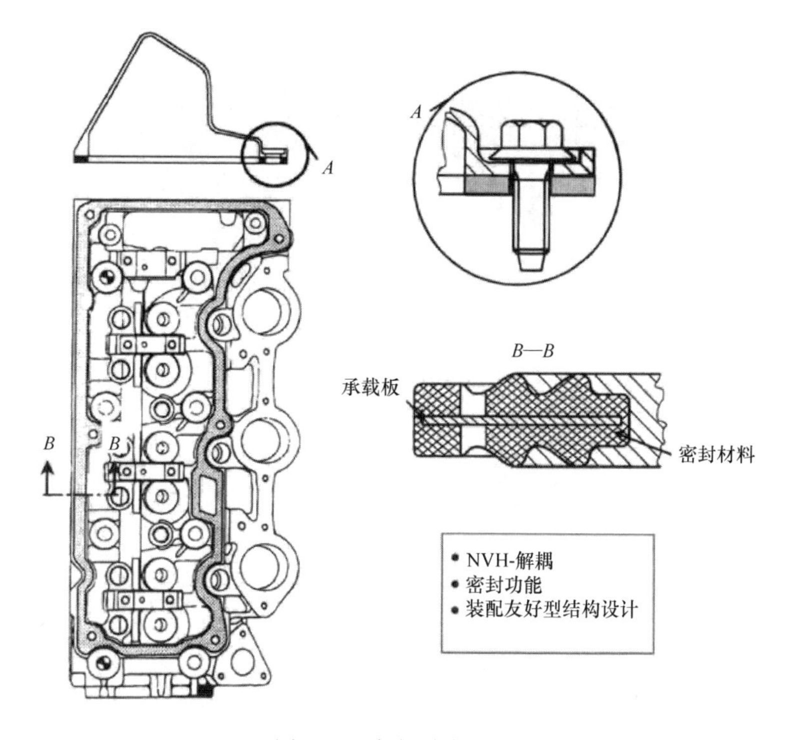

图3-53　气门盖密封

新产品的目标设定必须导致“优化”。与竞争对手产品的长期比较、产品特点对比、质量对比、生产加工流程和成本的对比以对标这个概念联系起来。因此，为了达到最高水准，所有的规划目标都将统一起来。这个过程并不是独一无二的，而是一个持续的流程。在此流程中，每个步骤都必须单独予以考虑。

根据规划目标，从图3-55中通过每个过发动机零部件的生产加工时间以及发动机的安装时间来研究生产能力。基于不同的生产加工线（A～D）的对标来确定目标设定，因此，这也就意味着综合考虑了内部的以及竞争公司的生产加工线。在这种情况下，如果规划整台发动机生产加工设定为2.3h，而目前需要的总时间为3～4h，那么就可拥有更高的生产能力。通过更小的设备占用面积需求，也可达到更高的生产能力。如同所有规划目标那样，不同企业的比较就是对标的出发点（图3-56）。

可以达到的生产效率对于生产设备的设计起着决定性作用。对此，通常可使用英文用法派生的单词Uptime（正常运行时间）进行定义。正常运行时间（Uptime）是指实际生产加工数量除以理论生产加工数量再乘以100%。目标设定应该是高于当前生产加工设备的实际值。发动机安装的Uptime值理论上应该达到98%（图3-57）。

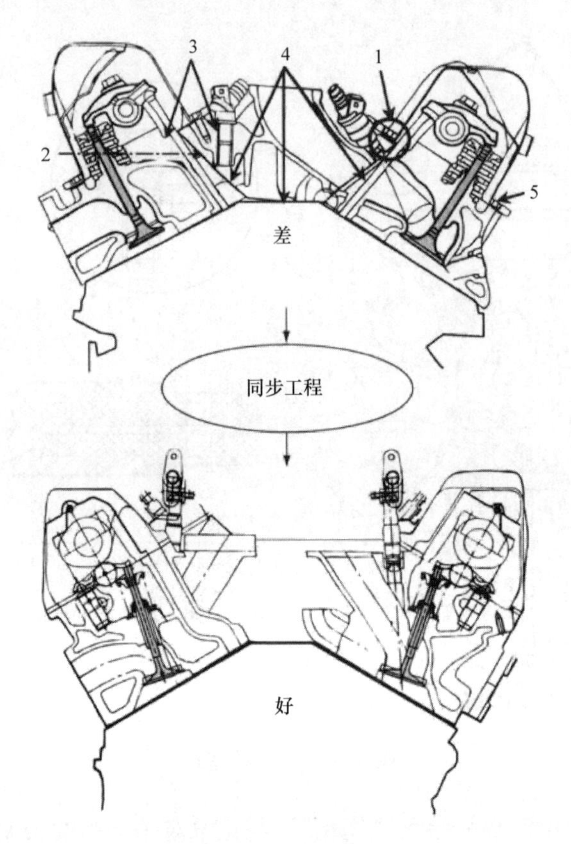

图 3-54　优化的密封系统

1～5—同图 3-52

生产加工线＼公司	生产加工时间/h				
	A	B	C	D	
气缸体	0.19	0.22	0.20	0.17	0.16
气缸盖	0.18	0.19	0.19	0.15	0.15
曲轴	0.19	0.24	0.20	0.12	0.16
凸轮轴	0.12	0.22	0.14	0.13	0.10
连杆	0.14	0.18	0.16	0.11	0.10
发动机装配	1.63	2.05	1.85	1.23	1.25
间接功能	0.55	0.88	0.76	1.09	0.38
总计	3.00	4.00	3.50	3.00	2.30

目标设定对标 ← 生产加工时间 小时/发动机

注意：所有数值都是虚构的。

图 3-55　规划目标：生产加工时间

图 3-58 对 10 年内日本与欧洲的生产加工流水线进行了比较。其中还比较了欧洲传送线的新的布局（设计）与现存的（老的）布局（随着时间推移进行过修改）。从图 3-58 中基本上可以看出，一般来说日本企业设备的 Uptime 值高于欧洲企业的 Uptime 值。欧洲企业的新设备的 Uptime 值只是从大约 1993 年起才达到日本

企业的生产加工线的 Uptime 值。

生产加工线 \ 公司	面积需求/m²				
	A	B	C	D	
气缸体	4300	4300	3400	4400	2800
气缸盖	2800	3100	2700	3500	2500
曲轴	4600	4500	2300	3000	2000
凸轮轴	3500	3400	1200	1500	1000
连杆	1300	1200	900	1200	700
发动机装配	8000	7000	5900	7500	5000
小计	24500	23200	16400	21100	14000
服务性运行	6500	5300	4800	6100	4000
路途	7000	7900	3800	4200	3500
总计	37000	36400	25000	31400	21500

目标设定对标

所有数值是虚构的

图 3-56　规划目标：面积需求

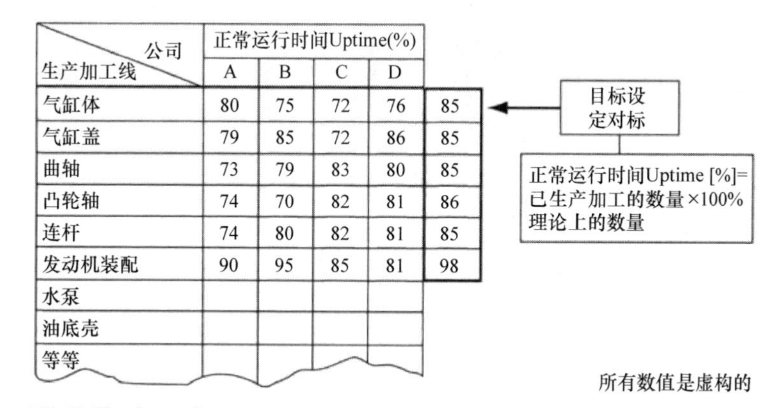

生产加工线 \ 公司	正常运行时间Uptime(%)				
	A	B	C	D	
气缸体	80	75	72	76	85
气缸盖	79	85	72	86	85
曲轴	73	79	83	80	85
凸轮轴	74	70	82	81	86
连杆	74	80	82	81	85
发动机装配	90	95	85	81	98
水泵					
油底壳					
等等					

目标设定对标

正常运行时间Uptime [%]=已生产加工的数量×100% / 理论上的数量

所有数值是虚构的

图 3-57　规划目标：正常运行时间 Uptime

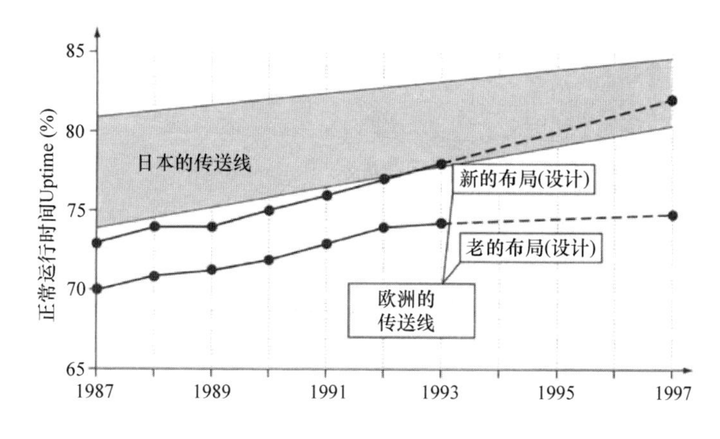

图 3-58　欧洲与日本机械生产加工的比较

每单元的投资是另一个重要的规划目标（图3-59）。图3-59中研究了四个企业总投资额和年产量，由此给出每单元的年投资额，该目标设定同样比当前的投资额要更低。

为了能规划（设计）出与产量相对应的生产系统，必须要考虑需研究的参数：如产品本身、质量、灵活性和生产能力（图3-60）。外部因素，如法律条文和税收规定也会影响产品规划。由此可产生生产加工的可选择方案，之后必须对其进行认真研究。

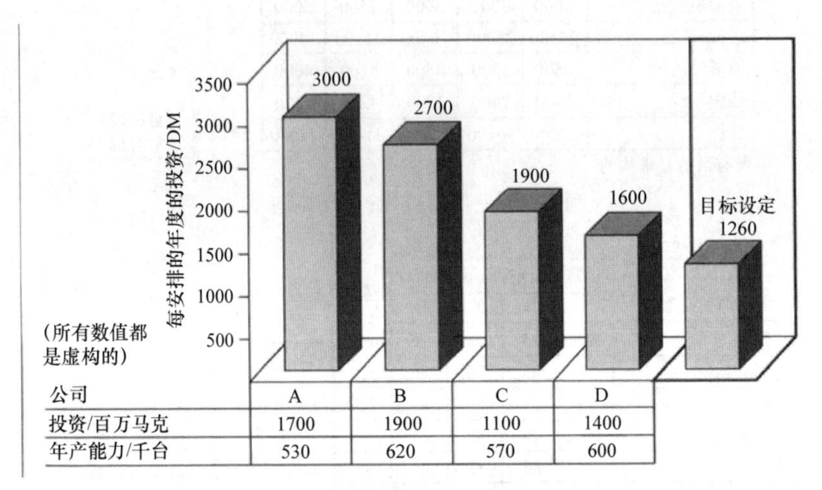

公司	A	B	C	D
投资/百万马克	1700	1900	1100	1400
年产能力/千台	530	620	570	600

图3-59　规划目标：每单元的投资

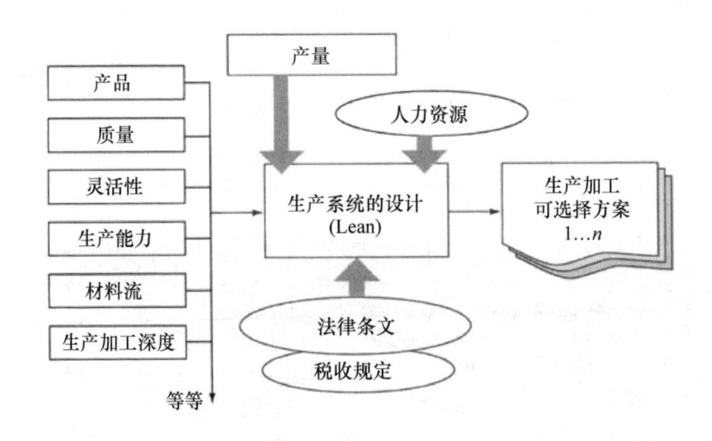

图3-60　生产系统的设计

3.2.3　企业外部的开发规划和生产加工规划

相应于企业内部的开发规划和生产加工计划，发动机开发/生产加工与零部件供应商以及二级供应商的生产加工之间的早期合作，同样具有重要的意义。下面将以一个凸轮轴 - 调节系统为例来观察企业外部的规划。

图 3-61 描述了开发和生产资源的概貌。项目管理部门不仅要监督整个工作环境与发动机开发的相互关系，而且还要注意结构设计、试验、电子调节和检验，以及发动机最终装配之间的协调。这一主要职责必须作为自己企业的核心竞争力加以保留。

处于项目管理部门下级的是系统供应商，它承担的主要任务是：结构设计、前期开发和量产开发以及这个特殊系统的组装。供应商提供的凸轮轴系统作为完整的单元，集成到发动机中。为了能获得该单元，需要系统供应商提供单个部件。而二级供应商又有责任，确定以何种类型和方式获得这些单元部件（如电磁调节元件），是自行生产或外购。

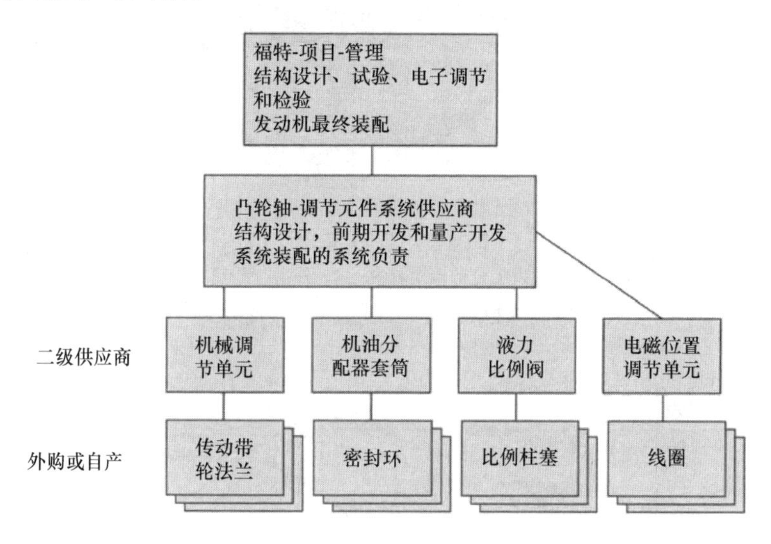

图 3-61　内部/外部资源

在图 3-62 中可以看到凸轮轴 - 调节单元。该单元应用于 1.6L 双顶置凸轮（DOHC）发动机的进气凸轮轴上，这种 VCT 单元（可变凸轮正时）中含有两个带斜齿的扇形齿轮，通过该齿轮可实现凸轮轴的旋转。根据设计准则，凸轮轴可相对于曲轴调节，而不依赖于发动机转速或负荷的大小，这样就可以优化发动机性能。图 3-63 曲线可说明该现象。图 3-63 中描述了经过优化的进气配气正时与无 VCT 的标准的配气正时的发动机的转矩和功率曲线。通过旋转进气凸轮轴实现优化的进气配气正时，这样在整个转速范围内转矩都有了提高。

此外，可变的凸轮轴调节还有以下优点：

- 降低油耗及 CO_2 排放；
- 减少未经处理的 CO、HC、NOx 排放；

- 改善怠速品质；
- 可降低怠速转速的潜力；
- 在动态运行时可极快地调节废气再循环率。

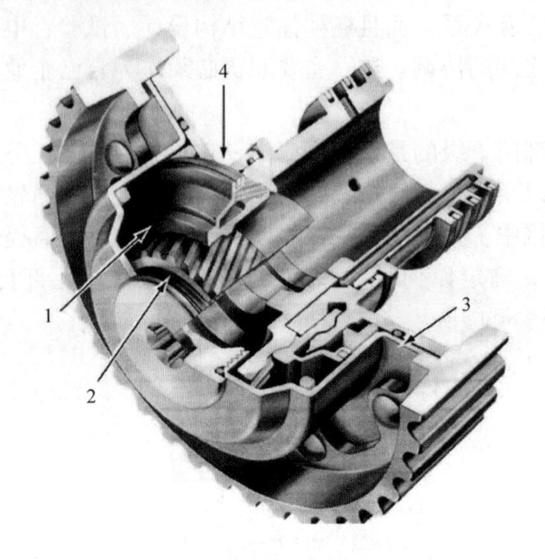

图 3-62　VCT 系统

1—带外/内齿啮合的调节柱塞　2—外齿与凸轮轴连接

3—带内齿的凸轮轴转轮　4—平衡凸轮轴－拖动转矩的弹簧

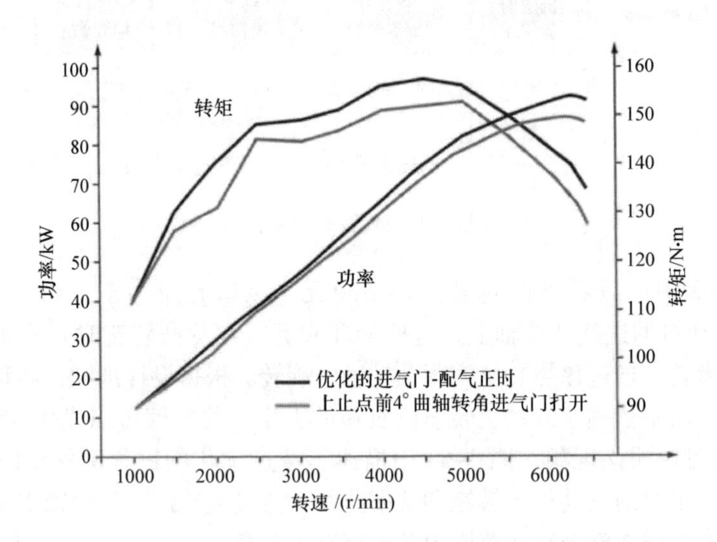

图 3-63　优化的（带 VCT）和“固定”的进气－配气正时的转矩和功率曲线

可以设计不同的可变配气相位方案。如图 3-64 所列，如果采用旋转凸轮轴方案，那又有更多种变型。如果选择液压/机械系统，则可进行电磁或电子调节。电磁式调节可以通过特性场来支持和用设定值/实际值比较来配置。

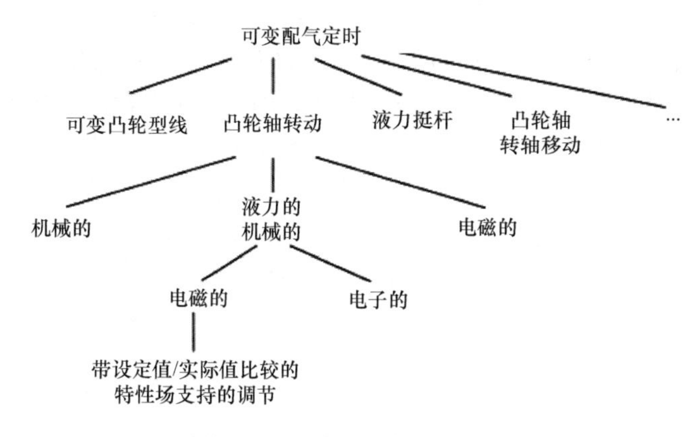

图 3-64　可变的配气正时系统

图 3-65 显示了这种系统的开发流程。通过专利检索（自己的注册专利）和所谓的“进抽屉”技术的支持，来确定一份设计任务书（图 3-73）。与此同时，在这个早期阶段，应该已经与系统供应商进行磋商，一方面能够从系统供应商角度来

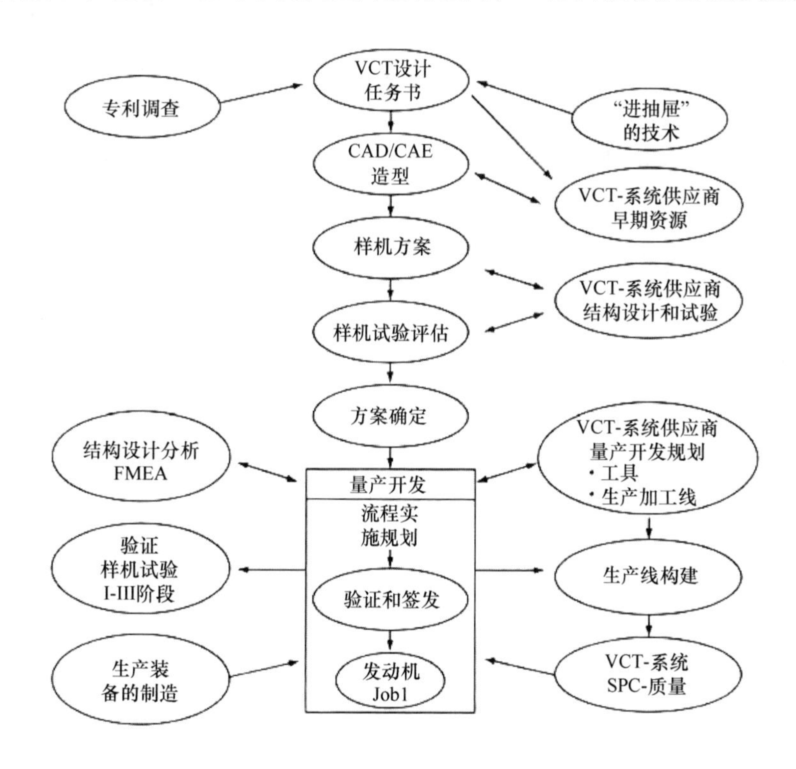

图 3-65　VCT 开发流程

实现改善措施，另一方面可以尽早开始联合开发。以设计任务书为出发点，经过首次样机测试来确定设计方案。在流程实施规划中，系统供应商是一个长期合作伙伴，这样便于规划自有的工具和生产加工线，并在今后提供使用。

带有一个进凸轮轴和一个排气凸轮轴的 DOHC（双顶置凸轮轴）发动机原则上可以有四种不同的凸轮轴调节方案。图 3-66 左上方的方案是通过移动进气凸轮轴来得到更大的气门叠开角，通过移动排气凸轮轴也可以达到同样的效果。另外一种可能性是平行移动进、排气凸轮轴。功能上最好的方案是独立的进气侧和排气侧的调节，也就是可以独立地优化排气配气定时和进气配气定时。这种系统要求一台带两根顶置凸轮轴的发动机安置两套完整的调节装置，因此成本也相对要高一些。

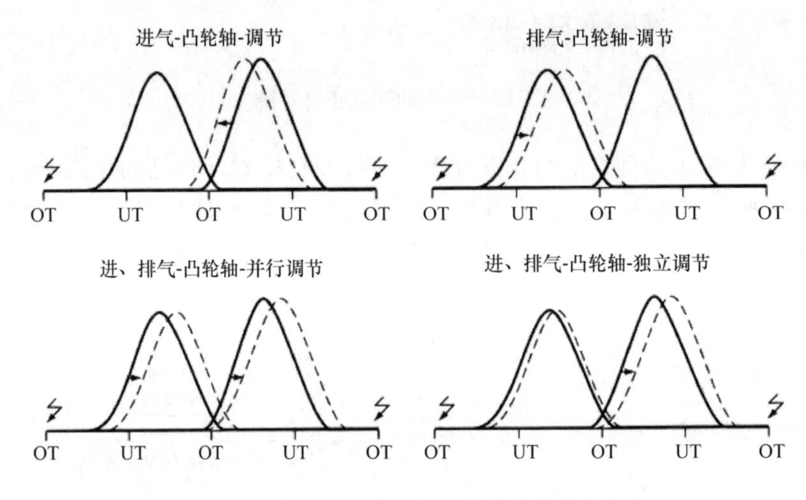

图 3-66　在 DOHC 发动机中的凸轮轴调节方案

评估表 3-5 通过对几项具有决定性的指标进行评测，可以得到同样的结果。如果考虑到成本问题放弃最佳的方案，而比较进气凸轮轴调节与排气凸轮轴调节后可得到一个有趣的结论。使用进气凸轮轴调节时，发动机转矩提升方面肯定表现的较

表 3-5　在 DOHC 发动机中通过转动凸轮轴实现可变配气正时

	进气凸轮轴	排气凸轮轴	进、排气凸轮轴并行	独立
转矩	+ +	0（+）	+	+ +
油耗	+	+ +	+ +	+ + +
NOx	+ +	+ + +	+ + +	+ + +
HC	+	+	+	+
怠速	+ +	+ +	0	+ +
成本	–	–	–①	– – –

评估：– – –　– –　–　0　+　+ +　+ + +

消极　积极

① 从进气凸轮轴到排气凸轮轴要求链传动

好。而采用排气凸轮轴调节时，所有其他评价参数都表现得更好。图 3-67 通过换气损失分析来进一步说明排气凸轮轴调节的优势，图 3-67 的下面部分是将图 3-67 的上面部分的换气损失回路再次放大后进行说明，由于排气门的晚开延长了膨胀做功时间，也就是说增加了气体对活塞所做的有用功。气门叠开角的增大提升了进气压力，而且降低了吸气功。

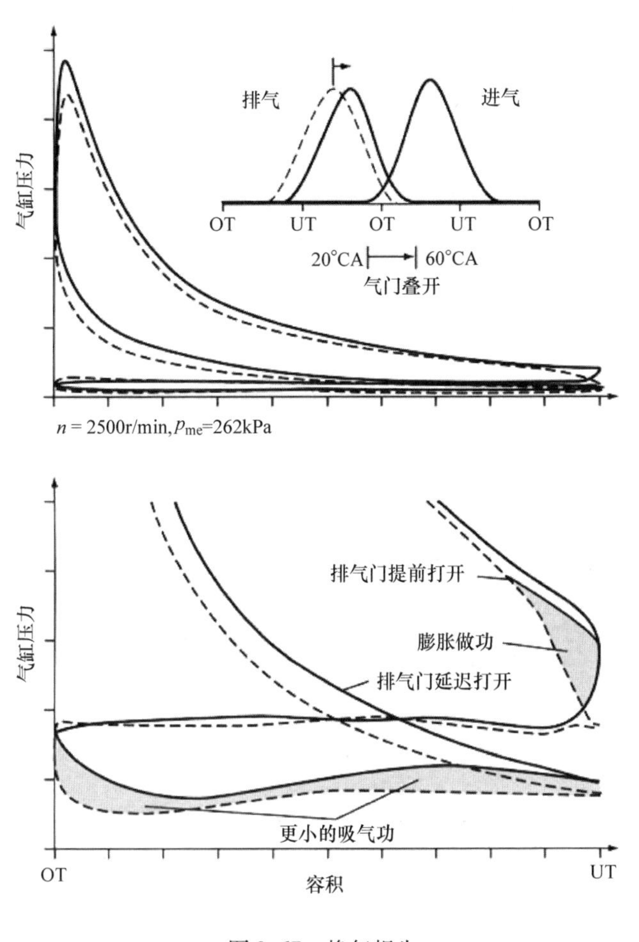

图 3-67　换气损失

图 3-68 和图 3-69 从优化油耗的配气正时方面，说明了一台 2.0L 4 缸发动机的排气凸轮轴－调节系统起到的功用。在发动机特性场中可看出油耗降低了 1%～7%。以这种方式在整个特性场中任何工况下都可以获得最低的油耗（图 3-68）。在中等负荷和中等转速工况下，NO_x 排放量降低了大约 70%。从图 3-69 中可以看到，经处理后的 NO_x 排放量最多可降低 90%。而且怠速工况下油耗也有所降低。在三个不同的怠速转速都给出了运行极限的油耗，如当怠速转速为 800r/min 时，将气门叠开角由 20°减小到 0°，油耗明显降低（图 3-70）。此外，也可以降低怠速

转速。发动机怠速转速为600r/min，气门叠开角为0°CA时，发动机的运行工况与运行极限仍有相当的距离。

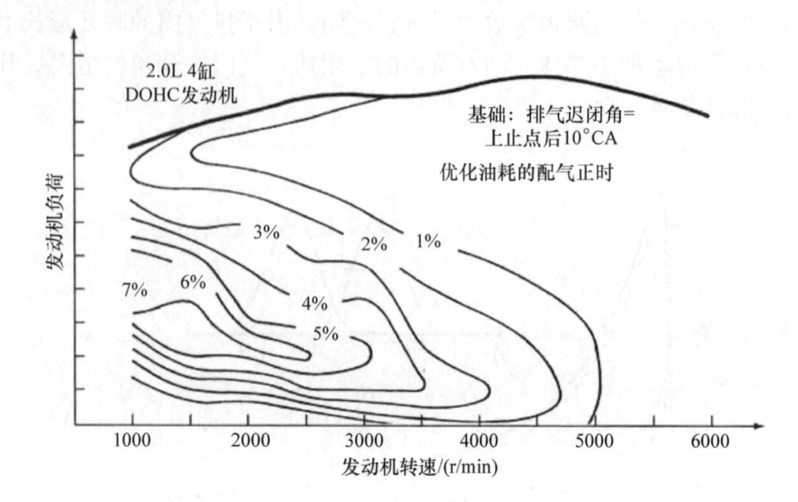

图 3-68　通过排气凸轮轴调节改善油耗

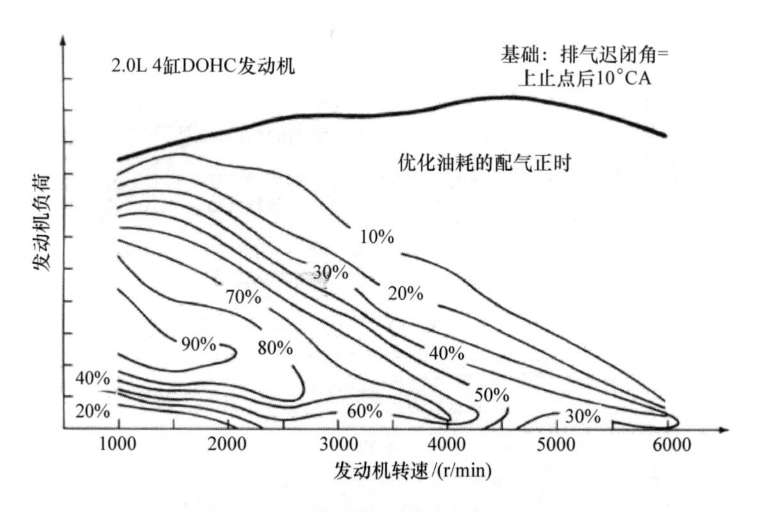

图 3-69　通过排气凸轮轴调节减少 NOx

图 3-71 显示了根据模拟计算得到的排气凸轮轴调节的降低油耗，以及未经处理的排放降低的潜力。这些数据反映了以新的欧洲行驶循环行驶的车辆状况。这里将排气凸轮轴调节与外部废气再循环（将废气引入进气系统的气室）进行了对比，在所有对比情况下，实现内部废气再循环的 VCT 系统的性能明显优于采用外部废气再循环设备。

这样一种 VCT 调节系统的结构如图 3-72 所示。输入量包括凸轮轴传感器发出的凸轮轴触发器信号、曲轴转角传感器发出的曲轴转角信号和节气门位置信号。输出量（控制信号）作用于电磁线圈，控制相应的四位三通（4/3）液压阀。柱塞出现的移动引起凸轮轴相对于曲轴的内部旋转。

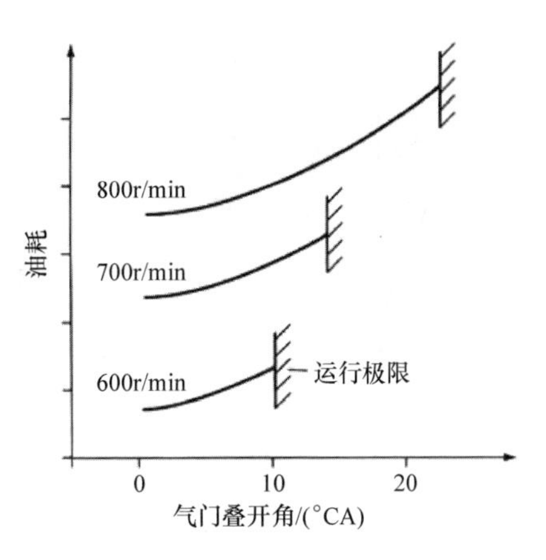

图 3-70　通过排气凸轮轴调节降低怠速转速

图 3-73 显示了一台 2.0L 4 缸 DOHC 发动机设计中的 VCT－设计任务书的部分摘录。这里，必须精确地给出一般要求和可靠性条件。为了实现这些要求，整体结构最终融合在一起。

3.2.4　人力资源

借助 CAE、CAD、CAM 和试验台，借助技术知识可以实现顾客的愿望。如果没有企业员工幕后的支持，这些愿望是不可能完成的。在一些创新型的企业中，员工的地位有了新的定义。员工已从 20 世纪 20 年代的生产要素转变成为潜能要素，每位员工不仅仅在企业中从事体力劳动，而且将一些有利于企业发展的想法带入到工作中去。世界经济面临的结构性变化给企业带了新的挑战。如下面的要求和变化对企业又提出了新的要求：

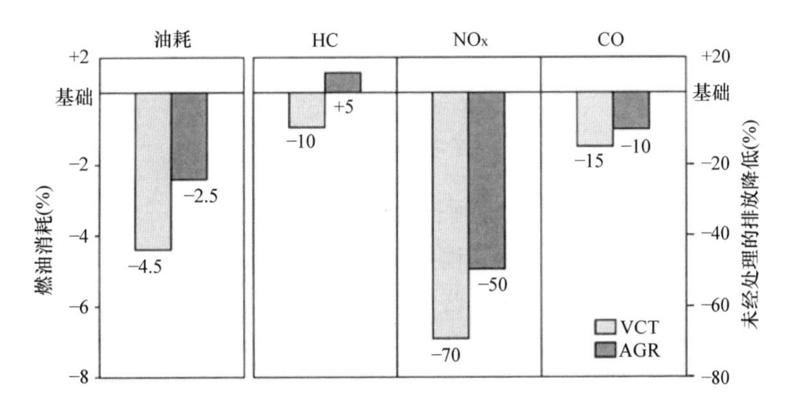

图 3-71　排气凸轮轴调节（VCT）与外部废气再循环（AGR）对改善油耗和未经处理的排放的比较

- 经济全球化；
- 精益生产、精益经营管理；
- 日本企业的挑战；
- 政治问题；
- 关于德国企业厂址的讨论。

为了适应日益错综复杂的经济进程，企业必须确保所有员工都为自己的业绩做

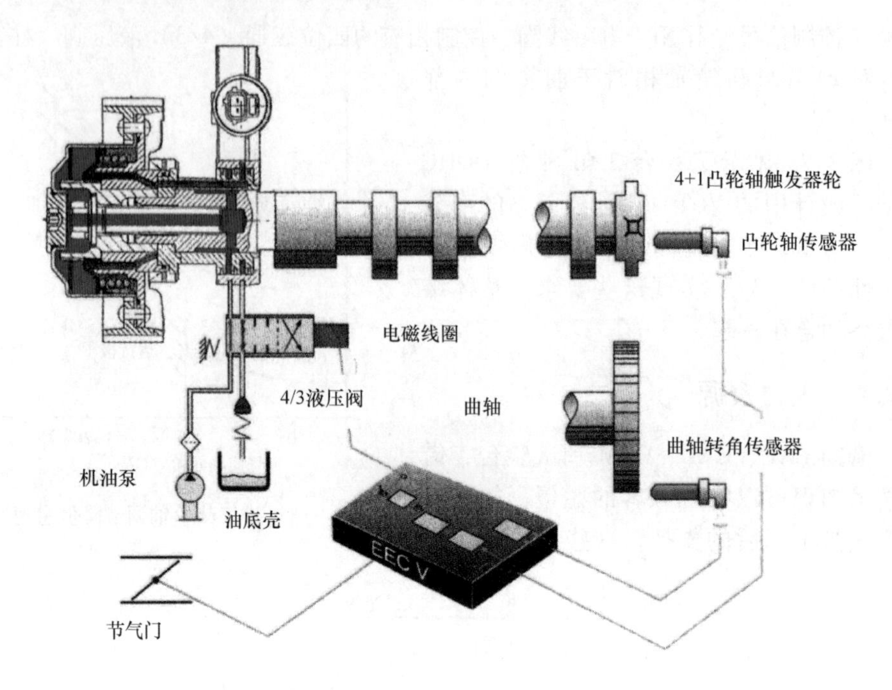

图 3-72 Zetec 的 VCT 调节系统

出贡献。团队合作要求由结构设计师提出的流程实施并不是一成不变的，而是由“流水线上的员工”提出的改善流程的建议应予以接受且要集成进来。这种做法也迎合员工希望“融入”到企业的需求。每个人都希望能实现自我价值，希望在工作岗位上做一些有用的事情，并在整个设计过程中负责任地行动。如果流水线上的员工只是完成自己手头的工作，即使他知道如何能将工作做得更好，他也不会把这种想法与企业共享。

在全球化的框架下，员工的岗位的交换的必要性通过员工的愿望来实现。

当今，一个现代化企业的目标就是要成为学习型的企业。企业要做到这样的话，必须要注意以下几点：

- 强烈的客户取向；

提出任务：
基于一台2.0L 4缸DOHC发动机的凸轮轴调节器的开发

要求
- 排气侧调节
- 液力控制的轴向柱塞
- 通过两对斜齿转动调节
- 由发动机机油回路供油
- 凸轮轴连续角度调节
- 发动机电控系统控制
- 对气门动力学没有影响
- 发动机结构更改最少

调节角度60°曲轴转角
调节精度 1°曲轴转角
调节时间<1s(冷却液温度60°C以上)
油压<0.1~0.8MPa

耐久性：
寿命> 10年
交变循环>1×10⁷个行程
应急运行位置小的气门叠开角
（脱落保护）
工作温度-29°C~+150°C

图 3-73 VCT－设计任务书

- 扁平式等级；
- 团队跨学科的合作；
- 专家的决策；
- 面向流程的持续性进一步开发。

用户取向是一个生产型企业决策的基本前提。当顾客需要一辆用于上下班且价格实惠的小轿车时，通常就应放弃价格昂贵的带可变凸轮轴调节的 6 缸发动机。

扁平式等级便于信息交流且有益于采取一些大家认可的措施。跨学科的合作有着与流水线员工提出的可行的想法相同的效果。如果没有团队合作能力，结构设计师、机械师、电气工程师和其他所有参与项目的合作人，将不再能快速且以低成本来开发复杂的系统。由此可见，培训和激励性的措施特别重要。

不能只由“上层”来做出决策。只由管理者进行评价是不够的，必须采纳独立于管理层的相应专家的意见，这样可避免做出错误的决策。持续性改进流程不应该随着某个项目结束而停止，而应该在项目结束之后或最好是在项目还在开发过程中就投入使用，以便可以在接下来的流程进展中继续加以改善。

员工的角色发生了改变，他不仅将自己视为订单的接受者，而且还应该感到自己正在为“自己”的公司工作。这种我们 – 情感激发他们积极思考，提出同样引起关注的改进建议。他应该做出以下考虑：

- 目标决定工作；
- 企业家的思想和行为；
- 积极主动；
- 有责任心的“分包商”；
- 利益导向，创造附加值；
- 寻找挑战。

重要的是，让员工参与到有关新车开发的所有问题当中，认真对待他们的质疑和所提出的意见。当员工能够并且可以积极从事工作，将非常有利于消除大公司内部必然出现的官僚化的隔阂。如果他充当所谓的分包商，那么个人的责任比官僚化的思维特性要强得多。

富含创新精神的企业首先应相信自己的员工。这一方面对企业提出了高的要求，但另一方面也提供了实现这个要求且员工积极融入到产品生产加工中的可能性。一个创新型企业的特征有：

- 顾客和质量取向；
- 伙伴关系式的管理模型；
- 具有高度个人责任感的团队合作；
- 扁平式等级的项目工作；
- 资金和盈利分配的概念。

资金和盈利分配的概念在美国的认可和实行程度要好于德国。员工通过以一揽子股票或股票期权的形式进行利润分配，直接参与公司的成功发展，因此有动力为公司做出真正的贡献。

扁平式等级同样也很重要，因为以这种方式可以使信息快速到达它该去的地方并被采用。“从上层到下层”的直接的通信链（反之亦然）可以不被“过滤器”所中断。如果一个企业要求自我责任感的项目工作，那么它将为员工提供学习和发展的机会。一个富有创新性的环境包含以下几点：

- 全面的信息；
- 有意义的、整体的任务；
- 深造的持续要求；
- 个人发展的需求；
- 可能实现成功；
- 将错误视为学习机会。

比如，如果只有管理者开发企业的长期发展战略，而员工在此方面得不到足够的信息，企业文化将受到极大干扰。对于员工而言，能够获悉明年工作环境如何，自己的工作岗位是否可靠是非常重要的。他可能从其他错误的途径获悉这些需要得到答复的问题。那么员工从现在开始拥有的形象与企业形象就可能截然相反，这种情况不仅仅只是对员工来说是令人不满意的。

工作任务不可以这样支离破碎，以至于员工自己不知道为整体工作究竟做出了哪些贡献。他必须经历成功，而成功激励他更加努力“参与”。如果员工存在知识上的缺陷，企业必须进行干预并提供一些培训，也可以是进修措施用于促进个人发展。以这种方式实现奉献和索取，这给两方面都带来利益。

因此，所有员工的积极参与必须成为企业文化一个固定的组成部分。

3.3 产品前期开发和方案选择

在产品前期开发时，应基于临时设计任务书来研究哪种技术方案是最适合于满足整车及其子系统的，例如，发动机及其像配气机构或曲柄连杆机构等子系统的系统性目标。

3.3.1 可供选择的发动机方案

以汽油机为例，对于基本方案的选择，可以探寻不同的可供选择方案，这其中包括：

- 结构形式/气缸布置；
- 排量；
- 气缸数；
- 行程/缸径比；

- 气门数；
- 配气机构方案；
- 负荷控制形式；
- $\lambda = 1$ 方案；
- 稀薄燃烧发动机；
- 气缸以及气门切换；
- 直接喷射；

……

在小型汽车上几乎不使用 V6 或直列 6 缸发动机。常用的 4 缸发动机又有排量上的限制；行程/缸径比影响发动机结构高度、长度和宽度。要考虑到转矩和功率的要求来选择气门数，而气门数对配气机构的方案来说又是至关重要的。

负荷控制形式也取决于确定的因素。汽油机中 $\lambda = 1$ 方案与三元催化器有关。稀薄燃烧汽油机和直喷式汽油机采用分层充气，也就是用发动机以过量空气的方式运行，而且必须安装一个所谓的稀燃发动机 - 催化器。但这种催化器尚未达到必要的催化转化率，以满足 2000 年及之后的欧Ⅲ、欧Ⅳ阶段所规定的严格的废气排放法规。稀薄燃烧发动机的催化器的市场导入还取决于燃油中硫含量是否已得到明显改善（低于 50×10^{-6}）。

从图 3-74 可以看出在确定气缸布置时，哪些影响因素起重要作用。图 3-75 列出了不同的发动机结构形式，其中 4 缸直列发动机是最常用的，而现在越来越多地采用 3 缸直列发动机。6 缸发动机也有横卧对置式的，但 V6 发动机由于特别紧凑而得到广泛使用，而不同制造商设计的 V 型发动机的气缸夹角并不一样（图 3-76）。

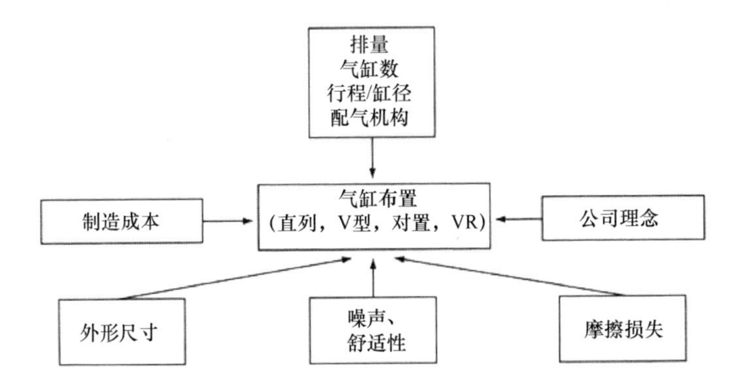

图 3-74　确定气缸布置时的影响因素

一个重要的参数就是排量的选择。这里也涉及许多影响因素（图 3-77）。中级车原则上可安装不同排量的发动机。制造商既要考虑到一些顾客对油耗的需求，如优先考虑 1.6L 发动机，同时也要考虑到追求运动型的顾客，如决定采用 2.5L 发动动

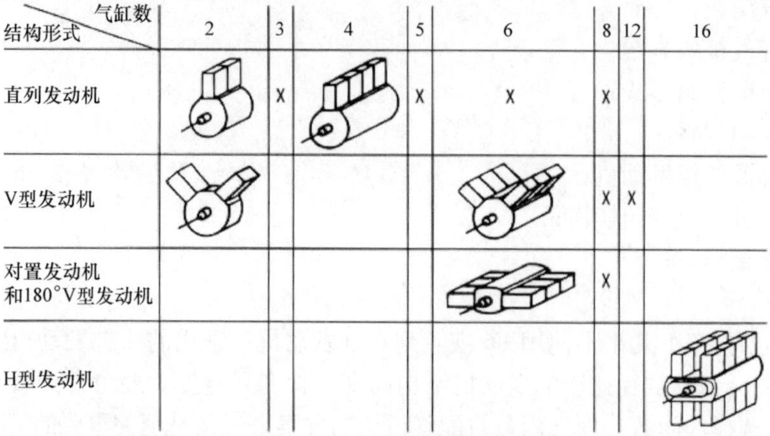

结构形式＼气缸数	2	3	4	5	6	8	12	16
直列发动机		X		X	X	X		
V型发动机						X	X	
对置发动机和180°V型发动机						X		
H型发动机								

图 3-75　不同的结构形式

机。图 3-78 给出了两款发动机的特性场。两特性曲线上的确定的运行工况点（这里转矩为37N·m，转速为2700r/min）对应为 5 档，时速为70km/h。在给定的传动比下，2.5L发动机油耗为437g/kW·h，而 1.6L发动机则为 332g/kW·h。这意味着 2.5L 发动机要比 1.6L 发动机多耗30% 的燃油。加速时，2.5L 发动机可提供 166N·m 的转矩，而 1.6L 发动机只能提供 101N·m 的转矩，即大排量发动机在加速潜能方面要高出 60% 多。该制造商的建议颇为丰富，提供两种型号以同时满足运动型和经济型顾客的需求。

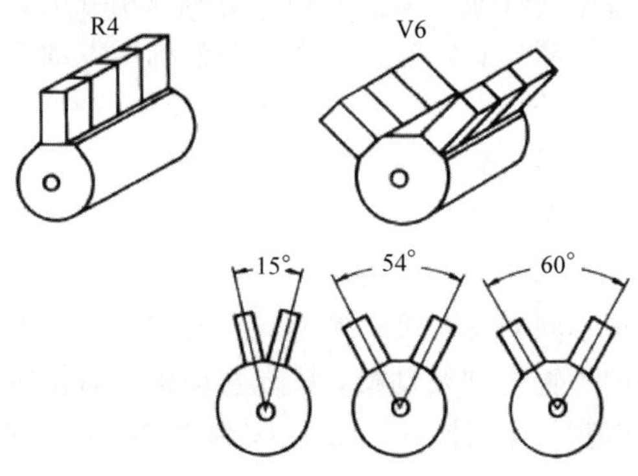

图 3-76　大批量生产的发动机如今的发展趋势

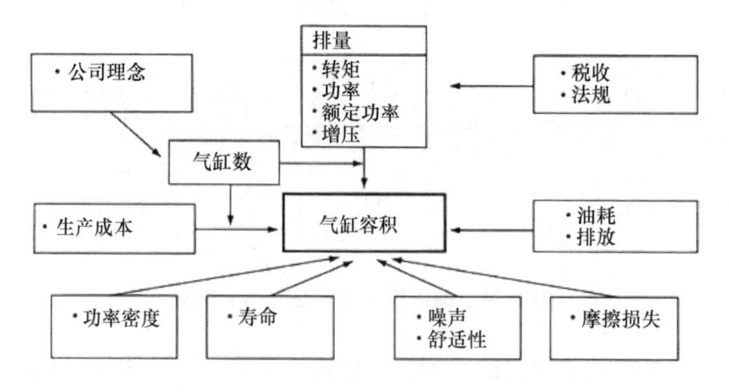

图 3-77　气缸容积设计时的影响因素

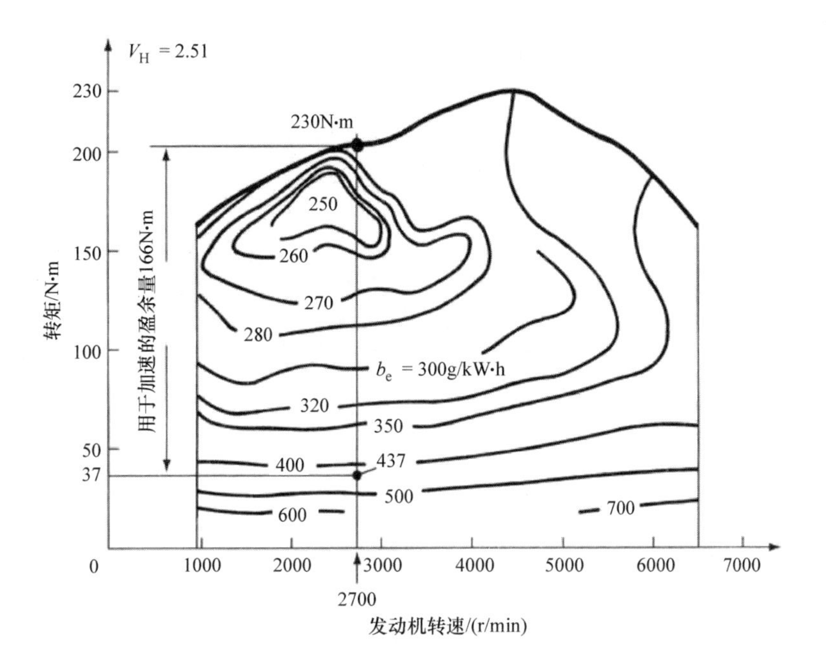

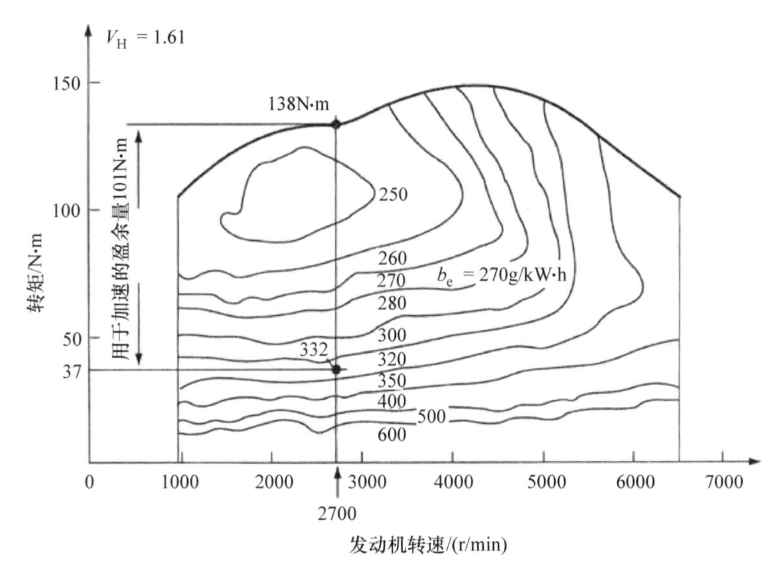

图 3-78　不同发动机排量相同行驶速度下的转矩盈余量和油耗

从图 3-79 中可看出油耗与哪些影响因素有关。很明显，车子重量越轻，所需排量也越小。在可比较的行驶功率下，重的汽车需要更高的驱动功率，因此排量也更大，从而导致油耗增加。另一方面，现在流行一种趋势，即顾客希望购买低油耗的车辆。从技术上来看，这意味着小型车车重明显低于 1000kg，排量必须低于

1000mL。很明显，汽车的油耗应低于4L/100km。在这种趋势下，不仅提出加大对小型车进一步开发力度的要求，同样对所有车型都提出了降低油耗的要求。

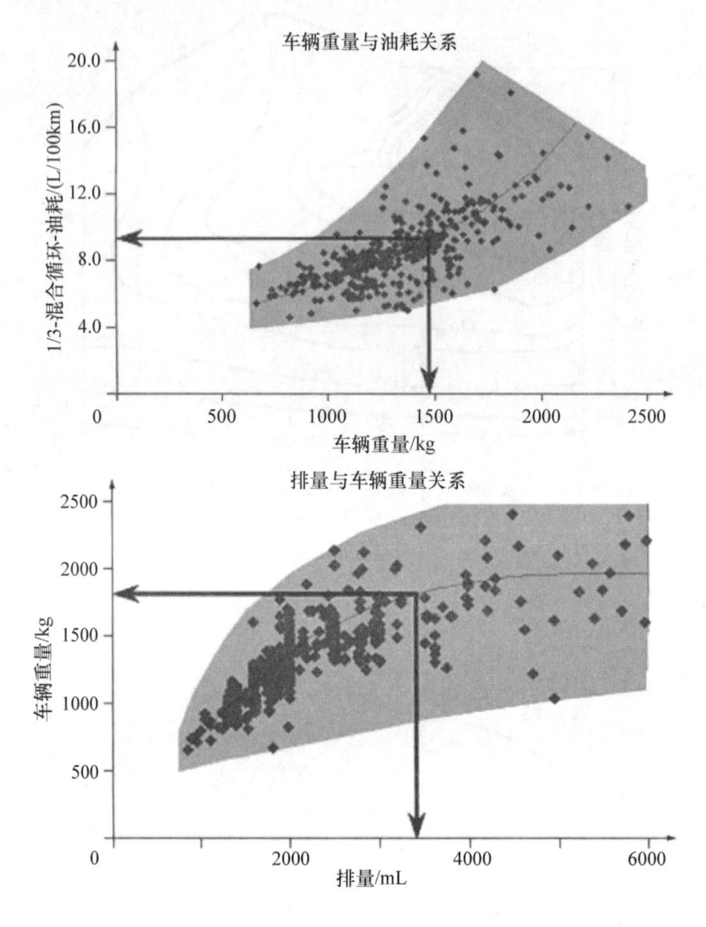

图3-79　车辆重量和排量对油耗的影响

在相同的车辆边界条件下，如车重、风阻和滚动阻力，从油耗方面来寻求最佳的发动机排量，同时又满足行驶功率的要求（图3-80）。在行驶功率一定的条件下，给出发动机一个油耗优化的排量。当排量偏低时，由于总传动比变化，发动机的运行范围移到油耗不合适的区域。然而，总传动比的变化要求整车行驶功率保持不变。排量过低的发动机（小的传动比），必须在高效率的高转速和高负荷区运行，其最终结果就是油耗增加，通常噪声也随之增大。

另一方面，排量也不能无限制地扩大。排量大的发动机，相应的零部件以及轴承尺寸也会大，其摩擦损失必然会增加，从而导致油耗增加。摩擦损失带来油耗增加量超过了由于大的传动比（变速器传动比和/或轴传动比）可能带来的降低油耗的效应，可以选择这种大的传动比是基于更大的发动机的更大转矩。这样一来，太

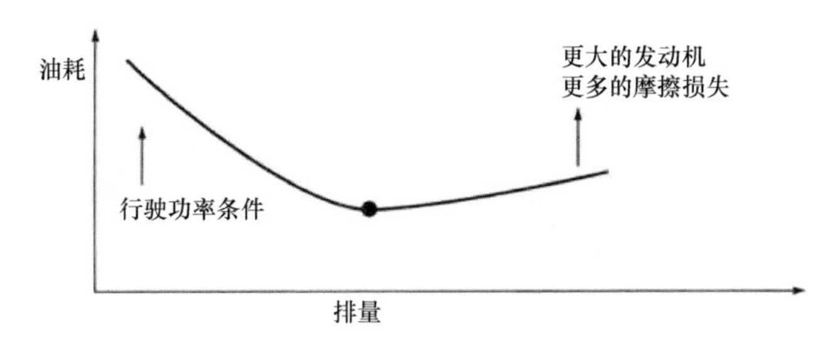

图 3-80　相同的车辆和相同的行驶功率要求下的油耗优化的排量

大的传动比也会引起起动问题和离合器过载。另外，这也使得城市交通和堵车时所要求的低速行驶舒适性的下降。油耗优化的排量意味着，对一款新的发动机设计方案，能准确地找油耗较低的运行工况点。

正如上面所介绍的，排量对摩擦有明显的影响作用。图 3-81 所示的是平均摩擦压力与排量的关系曲线。由图 3-81 可以看出，平均摩擦压力随着排量的增加而降低。平均摩擦压力与行程/缸径比的关系也差不多。当行程/缸径比为 0.8 时（短行程），摩擦值最大，而行程/缸径比为 1.2（长行程）时摩擦值最小。

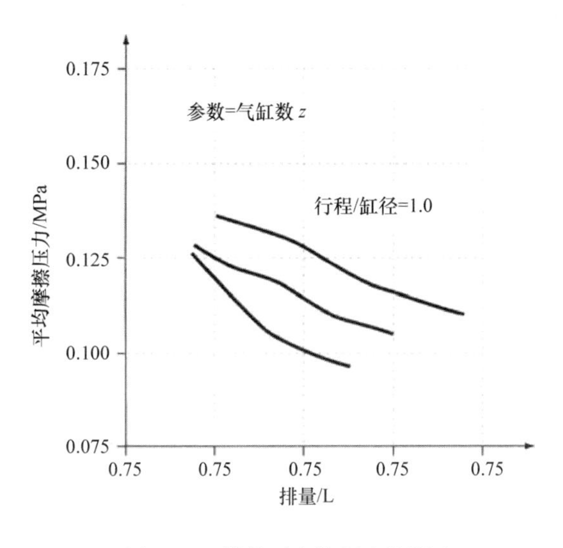

图 3-81　排量对摩擦损失的影响

这里还必须做出折中，因为一方面长行程比产生更大的摩擦，但另一方面长行程比其指示效率明显更高。长行程比的另一个优势如图 3-82 所示，行程/缸径比为 1.25 的发动机在低速区具备提供大转矩的潜力。由此可选择更大的传动比，从而获得更合适的油耗。行程/缸径比对燃烧影响同样值得注意。通过观察燃烧过程（图 3-83）可以发现，长行程比（s/D = 1.1）的热效率更高。曲轴转角为 35°时，火焰前锋已经扫过了整个燃烧室容积的 92%。

不仅从研发工程师的角度，而且从生产加工方面来看，也应评估相关的影响参数，而且作为决策时参考。如果观察 3 款不同排量（1.1 ~ 1.4L）的发动机族谱，从生产加工方面来考虑，有几种不同的方案。图 3-84 列出了 3 种可能性的选择。第一行给出了作为常数的参数。第一列列出了当连杆长度比以及行程/缸径比为常数时，对气缸直径、气缸体高度、连杆长度和曲拐半径的影响作用。对于生产加工

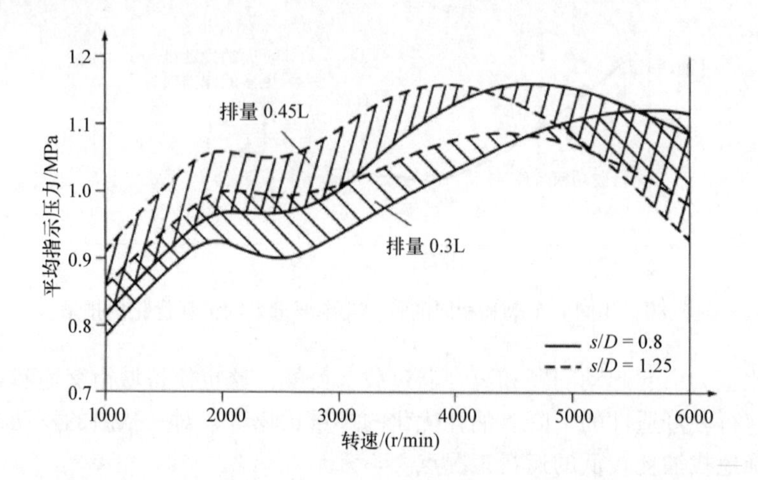

图 3-82 行程/缸径比（s/D）对全负荷时的平均指示压力的影响

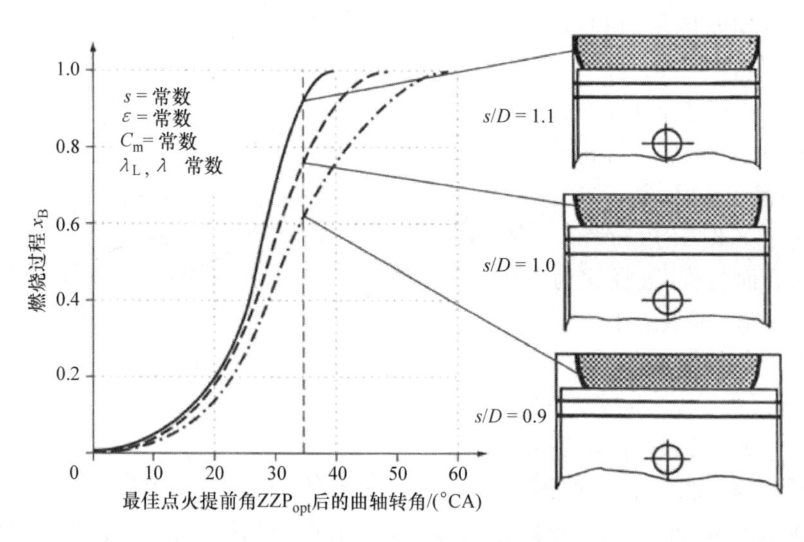

图 3-83 燃烧室容积对燃烧过程的影响

而言，这意味着在这个发动机族谱中，3 款发动机变型中的每一款也都需要有 3 个不同的气缸直径、气缸体高度、曲轴半径以及连杆长度。由于结构过于复杂，并由此带来了过高的投资，通常必须排除这种可能。

气缸直径不变有自身的优势。选择这种方案时，连杆长度可以保持不变，但是气缸体高度和行程半径有 3 个尺寸需要加工，这导致曲轴生产加工（铸造和机加）的费用增加。

第三种可能性就是发动机族谱中所有 3 款排量变型的发动机的曲轴行程半径相同。对于生产加工而言，这意味着必须考虑到 3 种不同的气缸直径。连杆长度、行程半径和曲轴可以保持不变。从生产加工来看，这种选择的生产加工成本最低，因为发动机气缸体、曲轴和连杆的生产加工完全一样。

	连杆比r/l=常数 行程/缸径比s/D=常数	缸径D=常数	曲轴行程半径R=常数
	缸径D_1、D_2、D_3 气缸体高度H_1、H_2、H_3	气缸体高度 H_1、H_2、H_3	缸径D_1、D_2、D_3
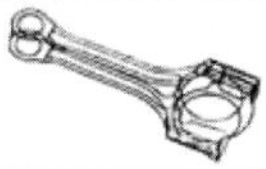	长度L_1、L_2、L_3	长度L_1	长度L_1
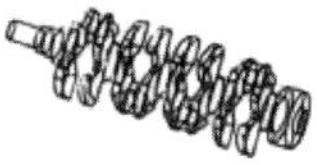	行程半径R_1、R_2、R_3	行程半径R_1、R_2、R_3	行程半径R_1

图 3-84　生产加工策略对主要尺寸的影响（发动机族谱 1.1～1.4L 排量）

配气机构方案的评价也是不一样的，涉及参数有运动质量、刚度、摩擦、复杂性和结构高度（图 3-85）。如果人们想制造一台极其省油且有很高效率的发动机，则必须十分重视摩擦。在“摩擦”这栏中可以看到，滚轮推杆－配气机构可以获得“+ + +”的评价。但是如果人们想制造一台要求转速非常高的发动机，那么就必须要考虑刚度。这里的挺柱驱动方案有突出的表现，在这种设计中，凸轮轴直

	运动质量	刚度	摩擦	复杂性	结构高度
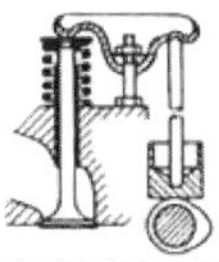	--	--	-	-	++
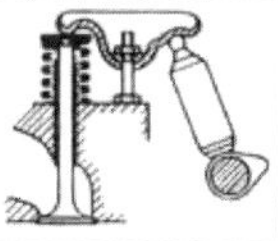	-	0	-	-	++
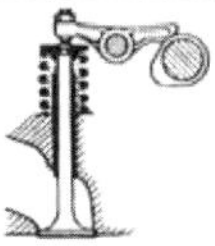	+	0	+	0	+
⋮					

	运动质量	刚度	摩擦	复杂性	结构高度
⋮					
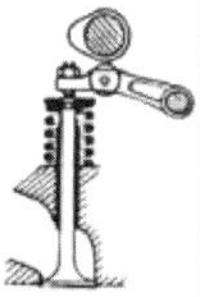	++	+	+++	0	-
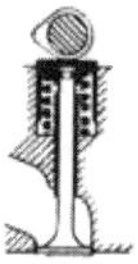	0	++	+	++	+

图 3-85　不同的配气机构方案的比较

接控制挺柱和气门。

除了气缸数和发动机排量的种类外，还应考虑到受整车制约的发动机舱尺寸（外形尺寸）。必须按照发动机的位置（前驱、后驱、全轮－驱动）来设计和布置发动机安装所必需的部件（图 3-86）。这方面为了达到优化设计，参与研发过程的各个部门之间需要进行相应的协商。对于整车设计师来说，想要创新地设计出平整的发动机罩，就必须要知道发动机辅助装置或进气系统需要占据多大空间，以保证所需的尺寸（长度、直径、容积），以便保证发动机能达到所设计的转矩、功率以及噪声水平。负责每一个子系统的各个部门都必须注意上面提到的问题。从碰撞时变形的自由空间，直到维修时机油滤清器的方便更换，在研发过程中所有领域都需要协调。

图 3-86　安装特性

图 3-87 说明了不同的安装变型中的问题所在。安装变型 a 为传统的方式，有许多优点。但是如果观察一下进气系统，就会发现它与冷却系统之间存在干涉。为了避免正面碰撞时出现问题，在这种安装变型中必须确保进气系统是“可碰撞的”，也就是可变形的。安装变型 b 的安装状态正好相反。发动机稍微向后倾斜，进气系统部分掠过气缸盖。相对于安装变型 a，安装变型 b 的优点是排气系统位于发动机之前，也就是类似于靠近发动机的催化器，可以得到更好的冷却，在此，也需要检验并确保碰撞安全性。

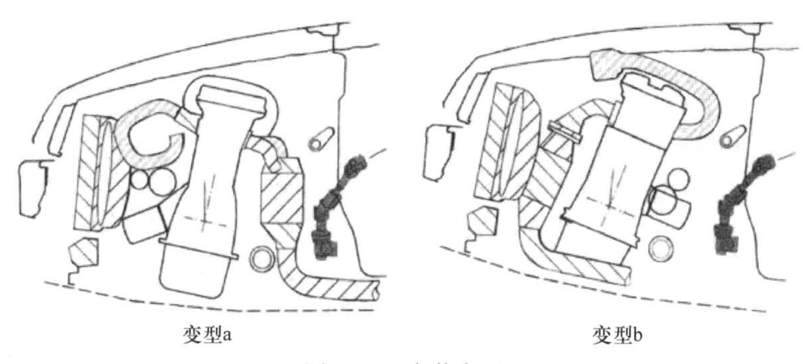

图 3-87　安装变型

3.3.2　分析性的结构设计

没有哪个结构设计是由一张白纸开始的。当发动机结构形式和最重要的结构设计特点被确定后，就可以根据现有的研究结果来构建。在前期开发中，有已经开发的“进抽屉”的技术和工艺可供参考。没有文献检索和对标就不应该开始结构设计，一方面是为了尽可能准确地去了解技术状态，另一方面是为了去分析和考虑竞争产品。

所谓的“进抽屉”，或者“在书架”的解决方法，比如一个可变的配气正时，是已经完全在一个确定的发动机上经过了试验的。需要确定的是，用这种解决方法能实现百分之多少的转矩提高或者百分之多少的燃料节省。生产加工的形式与成本的高低一样被熟知。“进抽屉”解决方案是一个直到通过名称确定潜在供应商的完整的解决方案。凭借这种完整的解决方案的试验，去为确定的汽车项目设计发动机，可以借助于 CAD 和 CAE 可以获得一种新的结构设计。

总而言之，应该注意的是，在准备新的零部件的结构设计时需重视下列几点：

- 研究结果。
- 文献检索。
- 竞争产品的分析。
- “进抽屉”的解决方案（“在书架”）。
- CAD、CAE 研究。
- 以前产品系列的经验。
- 生产加工工艺。
- 生产加工策略。

如今，在结构设计中 C－技术的使用带来了极大的时间节省。这里，计算机辅助工程不仅意味着计算模型的应用（比如 FEM），还意味着 CAD、CAM/CMM 和快速成形的耦合（图 3-88）。借助于快速成形和自由－工厂方法来制作第一个验证样机，由此能够很早地就开始验证试验。

这里，用一个燃烧室的例子来说明 CAD/CAM－应用。一个带进气道和排气道的燃烧室的体积模型如图 3-89 所示，它在第一个结构设计阶段就已确定，然后用

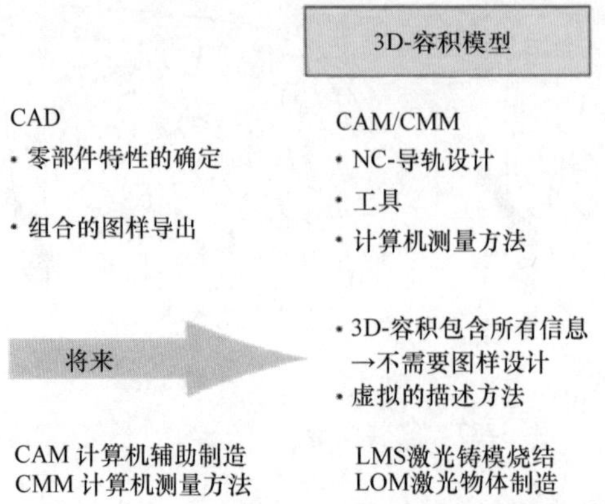

3D-容积模型

CAD
- 零部件特性的确定
- 组合的图样导出

CAM/CMM
- NC-导轨设计
- 工具
- 计算机测量方法

快速成型
- 光固化法
- LMS-方法
- LOM-方法
- ……

将来

- 3D-容积包含所有信息
  →不需要图样设计
- 虚拟的描述方法

CAM 计算机辅助制造
CMM 计算机测量方法

LMS激光铸模烧结
LOM激光物体制造

图 3-88　在结构设计中的 C－技术

作为所有计算和 CAE－应用的基础，无论它是否是向气缸的进气流动或者是在气缸内的自身的流动，都是完全一样的。凭借 CAD－容积模型将计算燃烧时所产生的热量是如何被引出的，在燃烧室里产生的温度有多高或者要设计用什么方式引导冷却水。这个模型有助于确定：为了避免危险的温度而产生或者说要求的流动速度是多少，或者为了达到一个相应的刚度，必须如何改变结构设计。

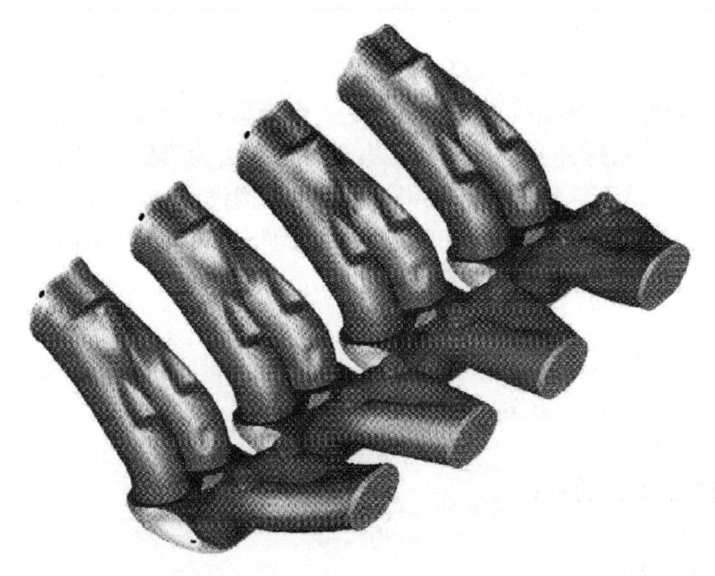

图 3-89　CAD－容积模型：燃烧室和气道

按照需要，从一个 3D－容积模型里（图 3-90）导出一个 2D－剖面。借助于光固化法可以按 1∶1 的比例制造出结构部件。这个模型提供了非常直观地检查铸造性能有了可能性。因此，气道或燃烧室的区域可以由 5 轴－铣床来加工。这种工作方式在早期阶段里更加容易推进进一步的结构设计，更简单和更快速地实施流动技术的研究，进气道和排气道的开发也变得更加容易。

单个的优化步骤通过在计算机中的分析，直到达到理想的结果，其结果应在发动机试验台架上得到检验。作为数据文件存储在计算机里的最终图样可以直接用于大批量的生产加工。以前由手工建模，并且所有数据都必须从模型转记到图样上，这种方法是很辛苦的，可以说意味着是又一次的重新构建。现在方法颠倒过来了：在计算机里对气道完成造型、测试、更改和再测试。

在整个结构设计阶段期间，同时必须一直关注生产加工的情况，因为用这种方法能够节省投资。3 个概念不仅影响着方案设计阶段的质量保证，而且也相当明显地影响着生产加工费用：

- 考虑质量的设计；
- 考虑装配的设计；
- 考虑制造的设计。

图 3-90　容积模型：数据 – 结构

考虑质量的设计是在考虑质量要求下的结构设计的总概念。

考虑装配的设计是使组装可靠、简单、鲁棒和尽可能快地进行，这适合于大批量生产。

考虑制造的设计是一种结构设计，它在生产加工中或者节省时间，或者使过程更可靠，并且在结构设计阶段就已考虑生产加工的问题。

作为考虑制造的设计的例子，图 3-91 显示了一个零部件简化的建议。为了节约装配步骤，气门杆密封和弹簧座盘应该作为一个部件来设计。为此，有几种不同的可能性（图 3-92）。开发部门的建议以卷边和为了防止气门杆密封的橡胶件的脱落而使其硫化为基础。供应商优化了第一种方案，并且找到了硫化时节省材料的方案。在这种情况下，硫化的流程必须非常可靠，由此密封垫在安放时不会从阀

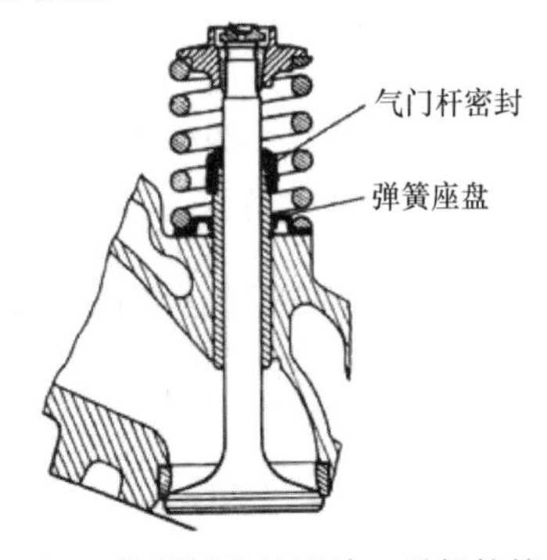

图 3-91　考虑制造的设计：零部件简化

盘中脱离。

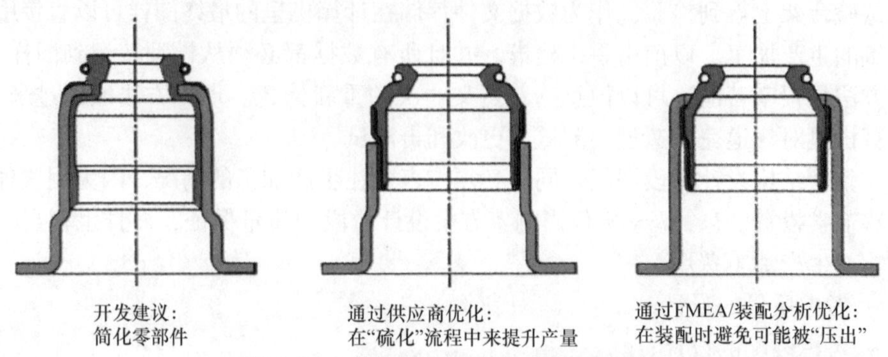

图 3-92 考虑制造的设计：零部件优化

借助于 FMEA，能够再一次改善两种建议方案。卷边总体上避免了硫化后装配时被“压出”的可能性。

润滑油道的制造是一个考虑质量的设计的例子（图 3-93）。如果要钻孔，一方面必须准确地钻十字孔，另一方面，毛刺的产生一般来说是无法避免的。即使油道随即用空气清洁，也会存在是否会在不可见的位置留存毛刺的风险，而毛刺随后会自行脱落并引起发动机的损伤。当采用油道浇铸时，因为用这种方法不会出现毛刺，因此可以实现明显质量改善。

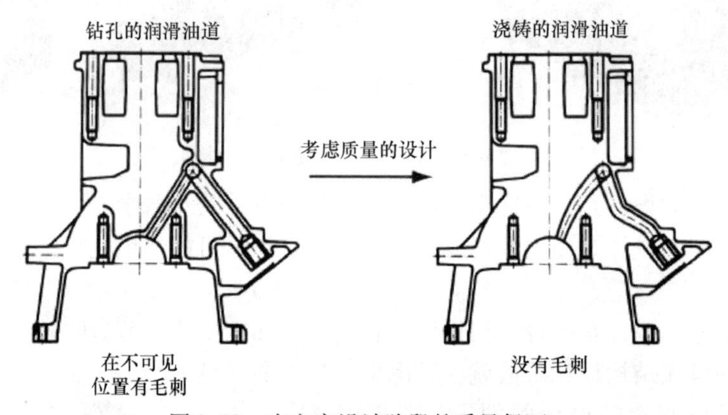

图 3-93 在方案设计阶段的质量保证

图 3-94 显示了凸轮轴 – 链传动是如何通过相应的结构设计和类似的分装，以实现快速、简便的装配，同时借此很好地说明了考虑装配的设计概念。

3.3.3 分析性的生产加工流程

与分析性的结构设计同步进行着生产加工流程的分析性开发。与传统的以经验和费用昂贵的试制为基础的设计不同，借助于 CAE 的应用，使得模拟和优化几乎所有的单个生产加工流程有了可能。

作为例子，根据所使用的铸造流程的计算机模拟（图 3-95），在三维模型（比

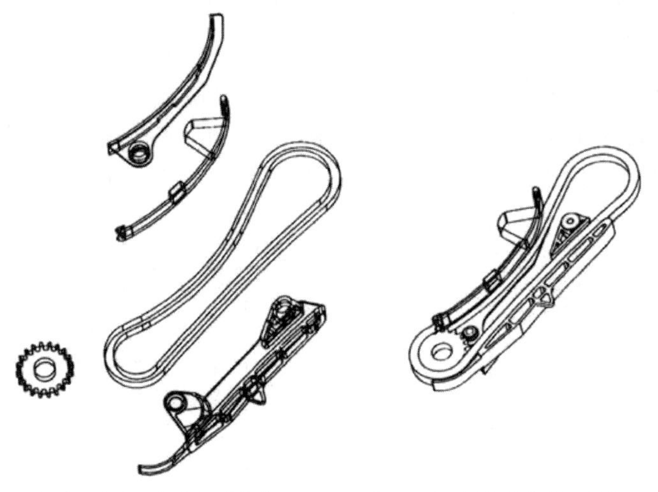

从前：各个零部件分开装配　　　　如今：一个系统模块供货和安装

图 3-94　考虑装配的设计

如一个气缸盖）的基础上，考虑到可铸造性，在浇铸第一个样件之前先进行结构设计优化。因此，可以尽早地发现关键性的铸件缺陷和其他薄弱环节，并用铸件模型的精密优化来避免。

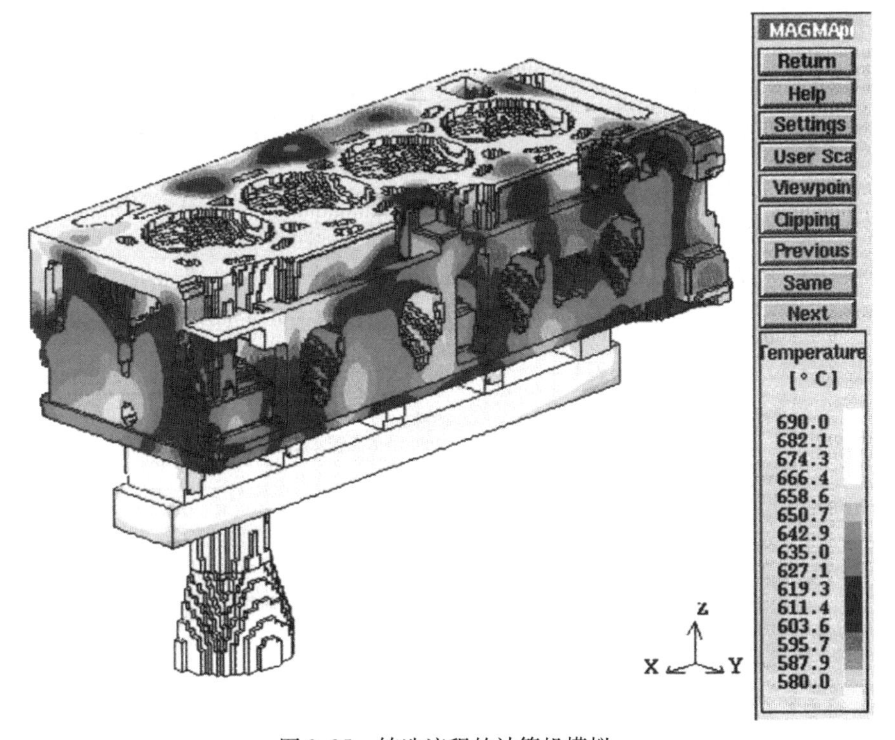

图 3-95　铸造流程的计算机模拟

对生产加工线的布局设计首先有若干方案可供选择。图 3-96 显示了一种方案。对每个工位，1 ~ n，每个工作过程必须准确地定义。在这个例子中，工位 1 中加工步骤安排了湿式切削加工，并且包括装载和传送以及测量控制。在第二个生产加工步骤中，只有去毛刺、清洁和传送。第三个工位是装配和传送，在下一个工位中，在传送与卸载之后，在 SPC（静态过程控制）框架范围内计划对整个加工过程的监控进行检测。

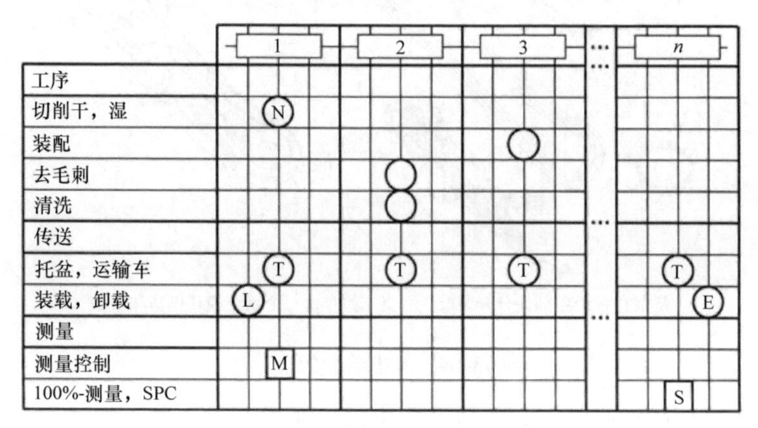

图 3-96　生产加工线的布局设计

现在，对这种加工的机加工设备的布局设计是什么样子的呢？所有参数，如从产量到正常运行时间按照在图 3-97中的公式给出机加工设备的节拍。

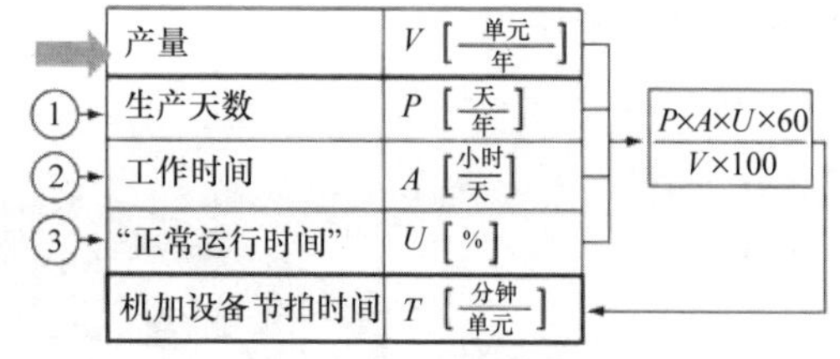

图 3-97　机加工设备布局的计算

两个决定性的参数是可供使用的工作时间以及每年生产天数。这些不变的值，特别是在"全球化"的观点下，对一个大型企业所在地的考虑来说起着重要的作用。如从图 3-98a 中清楚地显示了：德国属于在 1 年里生产天数最少的

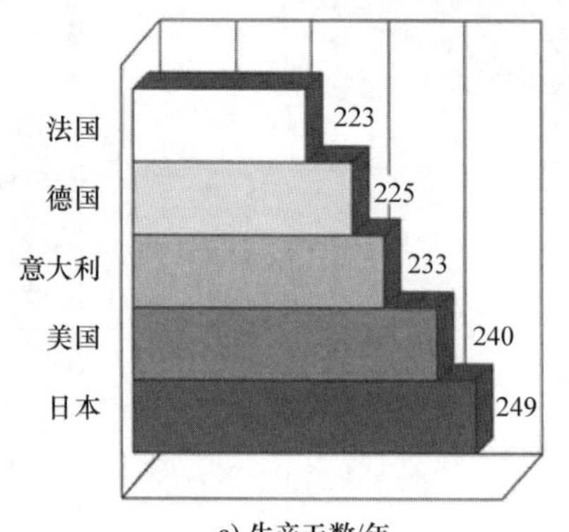

a) 生产天数/年

Lfd编号	A	B	C	D
1	7.5	6	10	等等
2	7.5	6	10	
3	7.5	6	–	
4	–	6	–	
小时/天	22.5	24	20	

分班模式

b) 工作时间/天

图 3-98　生产天数/年和工作时间/天的比较

国家。企业通过可能的分班模式舒缓同样的压力。模式 B 确定了最有效率的机加工设备的使用（图 3-98b），而这在德国通常是无法实现的，这里通常是每天三班制每班约 7.5h 的方案 A。而效率（正常运行时间）又是具有决定性的，如图 3-57 所显示的那样。

图 3-99 以气缸盖加工为例显示了机加工设备布局设计的计算。例如计划的产量是 2 × 350000 只 SOHC－气缸盖（图 3-100），这与 1 年内 350000 台 V 型发动机的数量相对应。在德国，在正常运行时间的 85% 效率的三班制生产加工的情况下，机加工设备的节拍是 0.37min，它又分为主要时间和辅助时间（图 3-101）。辅助时间是诸如通过像工件的夹紧或者校准的工作来决定的。在主要时间内出现的是真正的加工、切削或者铣削，紧接着又是取下工件和继续传送的辅助时间。通过对工件的仔细定位，给出了在加工开始之前更多的辅助时间。

产量	2×350000
生产天数	225天
工作时间	22.5h
“正常运行时间”	85%
机加工设备节拍时间	0.37min

图 3-99　气缸盖加工的机加工设备布局设计（例子）

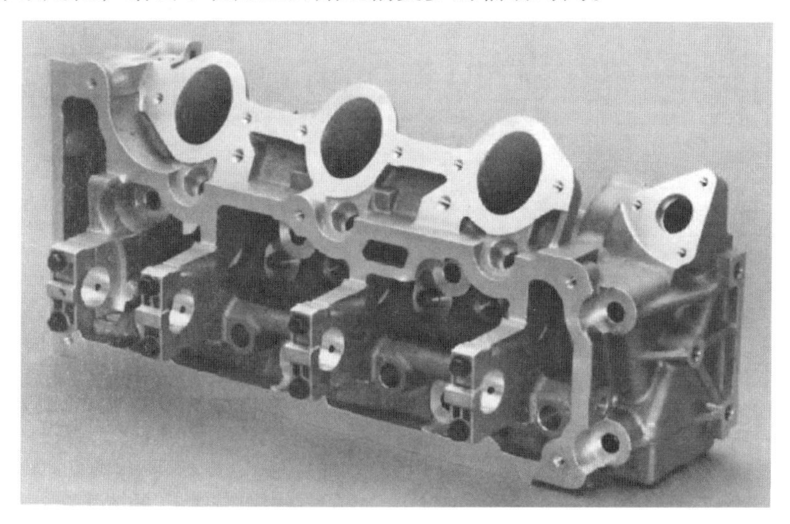

图 3-100　V6－SOHC－气缸盖

必须准确地列出和计算一个气缸盖的加工步骤（图 3-102）。所有所列的规程决定了公差要求，因此，诸如挺杆钻孔，不仅要钻孔和退刀，而且紧接着必须要进行珩磨。切削量和主要时间决定了工位的数量和由此需要的机加设备的数量。只有在考虑所有的边界条件下，才能优化布局设计生产加工流程。

若要确定所有的加工步骤，就要构建各个工位。图 3-103 显示了以采用 10 个工位的气缸盖铣削加工为例的机加工设备的布局设计。燃烧室的铣削以已实现的形式示范性地显示在图 3-104 中。

从对机加工设备的布局设计出发规划不同的生产加工线，例如曲轴、气缸盖或

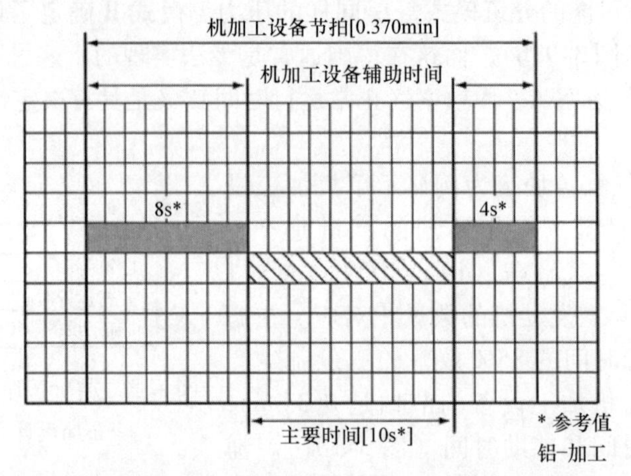

图 3-101　考虑主要时间和辅助时间的机加工设备布局设计（例子）

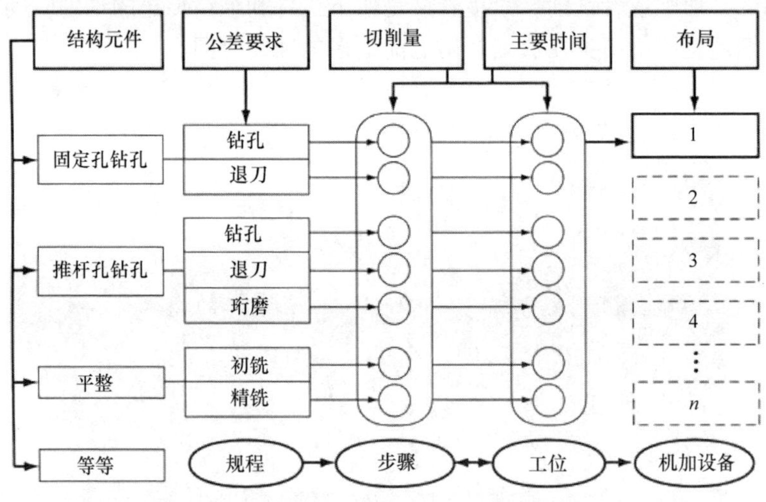

图 3-102　一个气缸盖的机加工设备的布局设计

凸轮轴生产加工线。为了建造生产加工线，要构建整个工厂的布局（图 3-105）。应该在马上可以加工的地方供给所有的毛坯。在生产加工设备内部必须避免行车通道。在凸轮轴加工的位置得到凸轮轴，并随即直接送往气缸盖装配通道。在预装配或者气缸盖装配中，预先生产加工好了的部件必须有直接通往主装配的通道。在工厂内部的这些位置提供附加需要的零部件，例如不是自己生产的活塞。短的路程和最小的物资堆积保证了低的费用，同时又有高的生产率。如果所有的零部件已装配，产品在能够发货之前进行检测。

生产设备的布局设计是一个反复迭代的过程。第一次布局设计在极少的情况下也会得到一个令人满意的解决方案。物资的物流问题或考虑现有的设备起着很重要的作用，并且，必须得到相应的重视。同时应该考虑到未来所希望的生产的更改而考虑一定的灵活性。对于向全球提供产品的企业，也许需要与在其他国家的生产厂

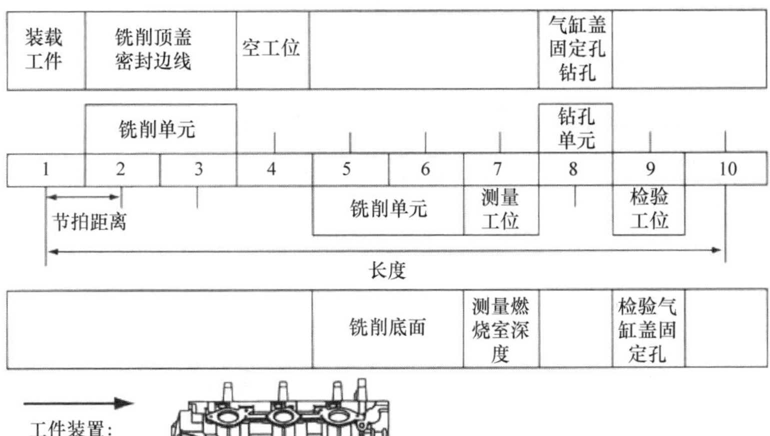

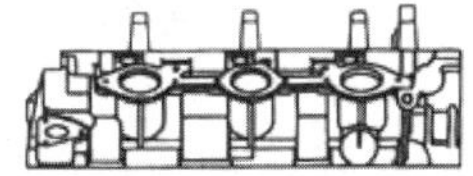

图 3-103　气缸盖 – 铣削加工

图 3-104　铣削燃烧室侧

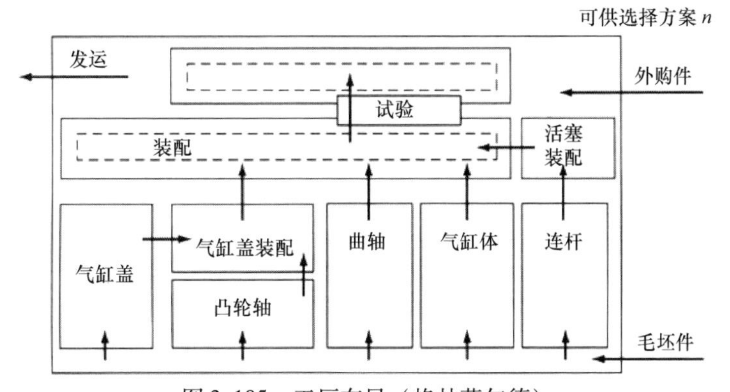

图 3-105　工厂布局（格林菲尔德）

相协调，由此应该保证能对顾客愿望的变化做出快速的响应。

3.3.4 借助 CAE 的方案初选

当今，CAE 的应用可能已经出现在开发的早期阶段，其基础总是构建一个 3D－CAD－模型，该模型首先并不是由 2D 中的复杂测量而构建的。我们已经拥有成熟的 CAD－软件，可以快速而且顺利地转换成 3D 模型。通过自动或者手工的网络化，从 3D－CAD－模型中产生一个 CAE－模型。在特别关键的地方，手工的网络化是必要的，因为自动的转换经常不能预先给定像尺寸、位置等所希望的单元结构。考虑到假设和结构特点，它会通过 CAD/CAE/公差循环迭代和可实施性分析来标定和匹配，对于所有发动机零部件来说，CAE－模型的构建都是并行进行的，毕竟气缸体不能脱离于气缸盖来设计和计算。对于一个合理的、有效的造型设计来说，一个得到重视的过程协调是绝对必要的。在这种协调的框架内的第一步就是结构设计特征的确定，如缸径之间的距离、气缸直径和升程等主要尺寸、气缸盖螺栓的位置、配气机构的设计方案、气门或凸轮轴的位置。接下来的步骤由整台发动机的各个零部件的系统性的计算所组成。强度计算必须同步地通过 CFD－计算（计算机流体动力学）来支持。此外，要实施关于温度分布的假设。再进一步的是去定义最大的气缸压力的目标。作为对 CAE－结果的评价的目标值和对比值，同样在事先必须确定关于最大材料温度（比如气门底部区域），或最大应力的极限值。这些目标值很大部分是由以前发动机的计算和试验而得到的经验数据。CAE 可以以不同的形式用于设计方案的初选：

— 换气过程计算；
— 强度计算；
— 噪声辐射；
— 在发动机机座上的振动激励；
— 气机构动力学；
— 曲柄连杆机构动力学；
— 发动机气缸体结构；
— 借助于一维网络方法和三维 CFD－计算的冷却水道和水套。

换气过程计算主要是用于所有对换气来说相当重要的零部件的设计，也用于支撑确定整车加速特性和油耗性能的汽车－模拟计算。图 3-106 展示了一个带有进气系统、前消声器和主消声器的 4.0L－V6－发动机的替代模型。用于描述发动机的替代系统的元件包括：

— 气缸；
— 谐振管；
— 容腔；
— 歧管；
— 隔板；

— 管端；
— 增压元件。

这些尺寸会影响发动机的空气消耗量或者说充气效率，并且给出关于转矩和功率的信息。所有在进气系统和排气系统里的气体动力学的过程，都可以用这个方式来模拟。

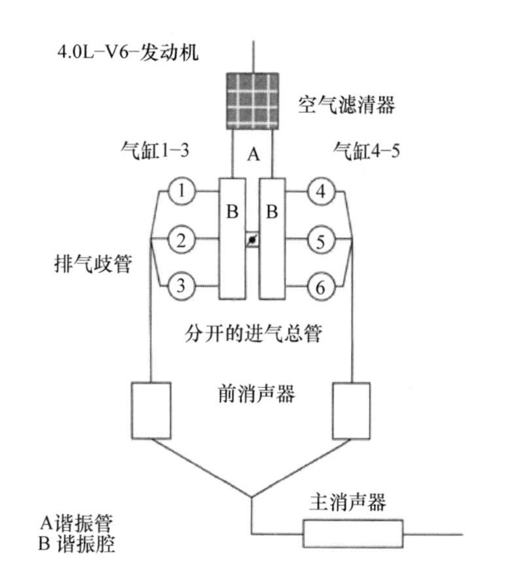

图 3-106　一个换气过程计算的替代模型的实例

换气过程计算不仅可以预测全负荷特性，而且还可以用于描述燃烧室内对怠速稳定性有决定性影响的残余气体成分。许多应用例子证明了换气过程计算对设计方案选择的重要性。

方案设计研究
— 气道切换；
— 谐振系统；
— 不同配气机构设计方案的比较；
— 可变的配气定时。

潜力评估
— 进气道 - 流动特性的影响；
— 排量的扩大/减小（小型化）。

发动机零部件的优化
— 配气正时；
— 进气系统和排气系统的基本尺寸；
— 进气收集器（总管）容积、谐振腔。

怠速特性的评价
— 剩余气体含量的计算。

非稳态研究
—在稳定转速下节气门位置对转矩提升的影响。

以 4. 0L – V6 – 发动机为例，对于换气过程优化需要下列的说明：

输入数据
— 进气系统的几何尺寸；
— 排气系统的几何尺寸；
— 发动机主要数据（行程、缸径……）；
— 气门升程曲线、配气定时；
— 流量系数（进气、排气……）。

优化参数

— 谐振腔容积（0.5L、1.0L……4.0L）；
— 谐振管长度（200mm、300mm……900mm）；
— 谐振管直径（40mm、50mm、60mm、70mm）。

进一步假设

— 进气管长度：350mm；
— 进气管直径：37mm；
— 转速段：1000r/min、1500r/min……5500r/min。

图 3-107 说明了一个优化充气效率计算的实际例子。

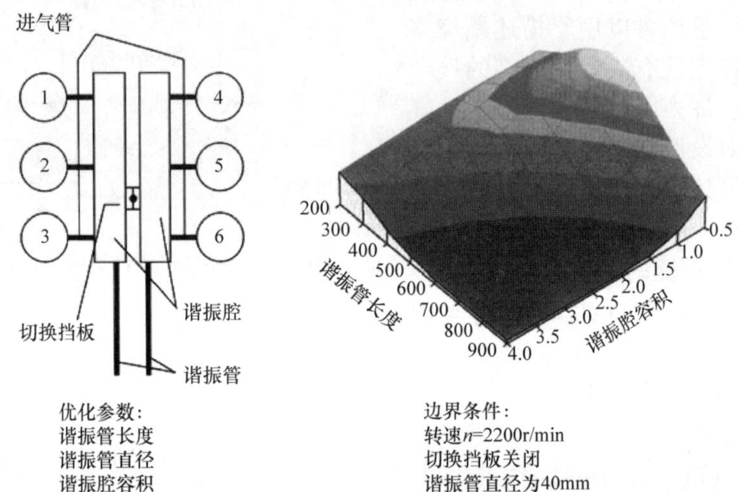

图 3-107　计算得到的充气效率

借助于设计方案的研究，可以比较不同的进气结构造型。图 3-108列举了一台 4 气门发动机的 3 种类型。在类型Ⅰ中，气道不仅在气缸盖，而且在进气系统里都是分开的。喷油器被安放在所谓的主气道中，而在一定的运行范围内可以关闭辅助气道。在类型Ⅱ中，喷油嘴安放的位置是向两个进气道均匀喷射。

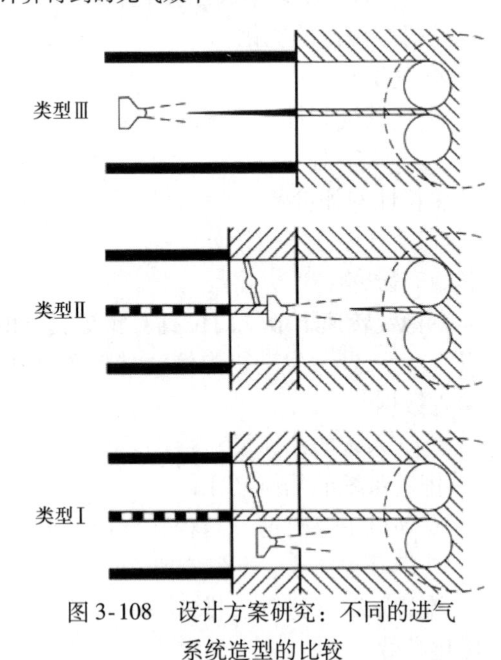

图 3-108　设计方案研究：不同的进气系统造型的比较

在类型Ⅲ中，在气缸盖中进气道就已经开始了分离。在进气范围里的张开，使在进气系统里实现主气道和辅助气道喷射分配有了可能。

图 3-109 显示了在关闭或者开启辅助气道时类型Ⅰ和类型Ⅱ的对比。此处，换气过程计算提供了关于关闭或者开启辅助气道时的最合适的进气管长度和转矩特性的结论。带气道切换功能（类型Ⅰ结构造型）不仅在低速，而且在高速都可以达到最高充气效率。

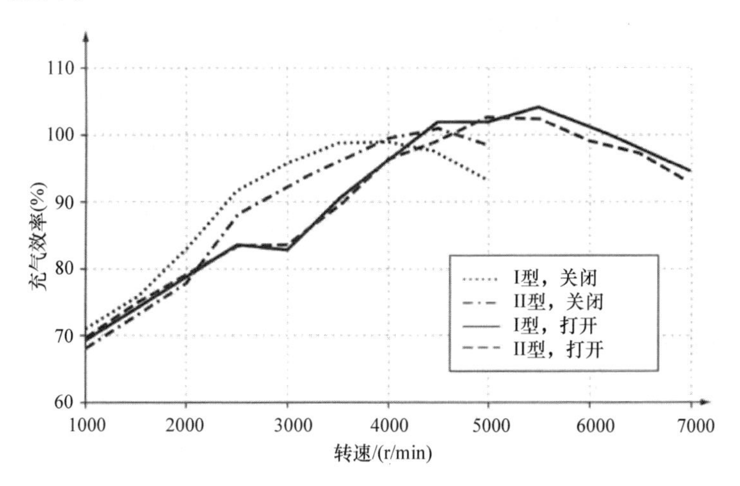

图 3-109　不同的进气系统结构造型的比较（1）

图 3-110 上的进气管长度的对比表明，如 250mm/650mm 的组合在关闭辅助气道时在低转速范围下获得优化。在更高的转速范围内，为了得到一个优化的充气效率应该打开辅助气道。

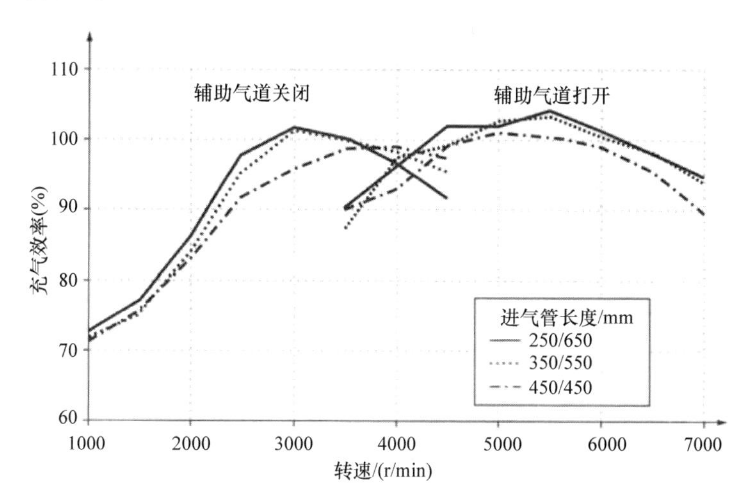

图 3-110　不同的进气系统结构造型的比较（2）

另一个关于 CAE 应用的例子是配气定时的选择。在一台标准发动机上，例如对于进气凸轮轴，固定的配气正时在当今来说通常是一个折中方案。而与之相反，一个可调节的凸轮轴的驱动也是可以想象的。这样的系统是否可以投入使用，取决于各自的整车项目以及顾客的要求。借助于正确的、与转速相关的进气凸轮轴的转动角度，可以改善转矩特性，并转换为整车的一个优点（图 3-111），发动机转矩可以提升 15% ~20%，而通过变速器或轴的传动比的其他选择，这又可以明显地改善加速特性，或达到更低的油耗。

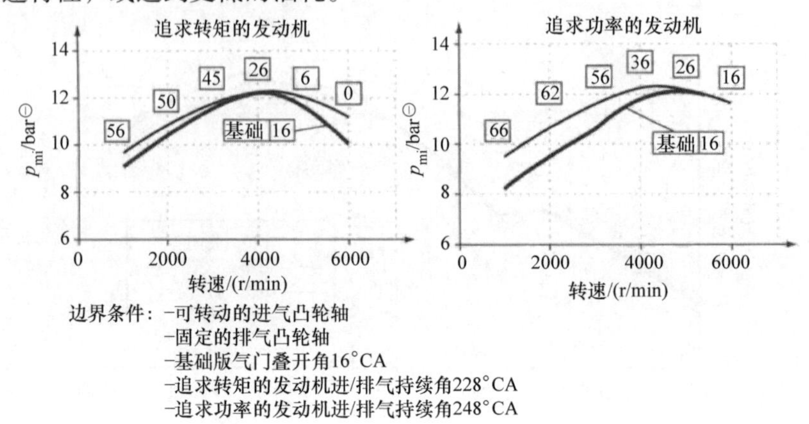

图 3-111　通过可转动的进气凸轮轴计算得到的转矩（平均指示压力 p_{mi}）改善

除了这些相对简单的，然而不足以描述复杂的发动机的 CAE－应用的可能性，在流动计算或燃烧过程计算方面有了良好的进步。如为了能够计算一维不稳定的管内流动，开发了 PROMO 程序。STAR 程序用于三维的 CFD－计算，例如进气系统的流动计算，但也可用于气缸内的流动模拟。可以得到下列知识：

— 新鲜空气的不均匀分布的计算；

— 废气再循环（AGR）的不均匀分布的计算；

— 不同区域的流动损失；

— 流动特性的优化；

— 最佳废气再循环位置的确定。

图 3-112 中的模型只关注进气系统零部件的内部和流动过程出现的范围。首先，计算得到了关于进气过程的论述和为了对其优化而进行改变的可能性。图 3-113中的 3D 计算结果显示了第 2 缸进气时某个时间点进气总管内的废气浓度。状态图像无法传达所希望的认知；而如果过程作为计算机的动画表达的话，那就可以很准确地看到吸气过程、空气分布和废气再循环的变化情况。一个新的趋势是，将废气在一个尽可能靠近发动机的位置导入，并且不再在总管内实现导入，可以用这种方式在瞬态的发动机运转状态中，精确地计量废气再循环率。

另一个 CAE－范围包括强度计算。图 3-114 显示了这种研究的可行性，以 FEM－连杆为例，其中第一种变体是剖分式轴承，第二个变体是一体式轴承，随后

⊖ 1bar = 100kPa

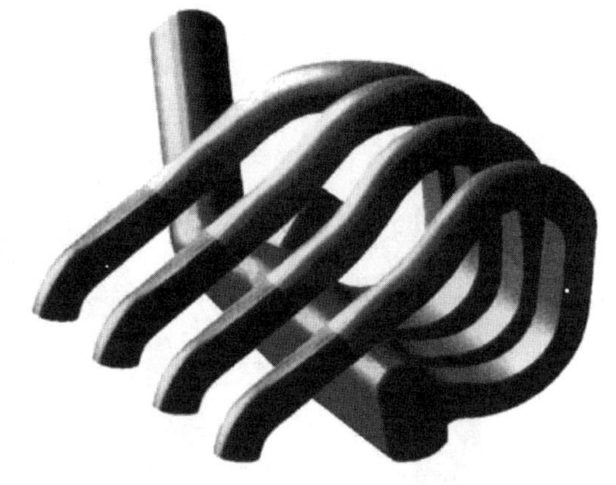

图3-112 1.4L－Zetec－SE－进气总管CFD模型

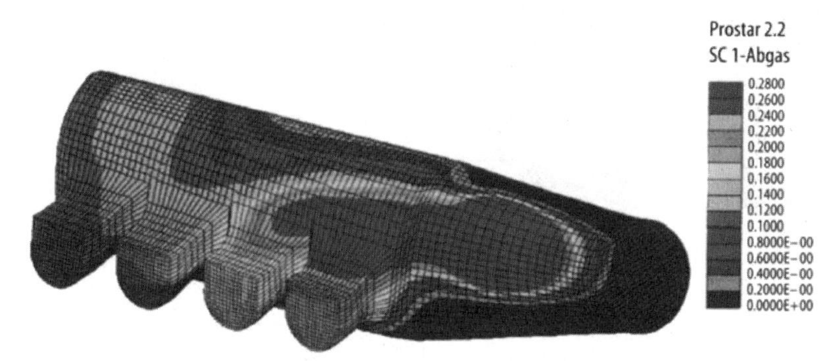

图3-113 3D计算结果：某时间点进气总管中的废气浓度（第2缸进气）

将其拆开（断裂裂开）。一个典型的强度计算的结果是抗断裂强度的计算。图3-115中的不同颜色说明了不同的安全系数。如果抗断裂强度计算的结果与研发工程师的规定不一致的话，必须修改模型。用这种方式，如果获知采用何种材料和何种生产加工方式的话，零部件可以提前得到优化。一个有更大公差的锻造连杆要求比一个可锻铸铁制成的烧结连杆更高的安全系数，后者可以用更高的精度来制造。

在气缸体中要考虑例如曲轴动力学，另一个是把缸径的变形置于对气缸盖螺栓紧固时产生的机械弯曲变形以及在燃烧过程的热量供给和通过冷却介质散热引起的热弯曲变形的考察之下。在与离合器和变速器连接后，必须研究与整个附件的弯曲振动（动力总成弯曲）相关的发动机特性。

借助于气缸体的变形可以实施结构分析（图3-116）。对于一个气缸体而言，典型载荷是通过不同的温度、通过燃气压力和质量力以及通过与气缸盖的螺栓连接的预应力而产生的。对气缸体、气缸盖和活塞中的温度分布有决定意义的除了由于燃烧过程的气体侧的放热外，还有就是冷却水的流动。

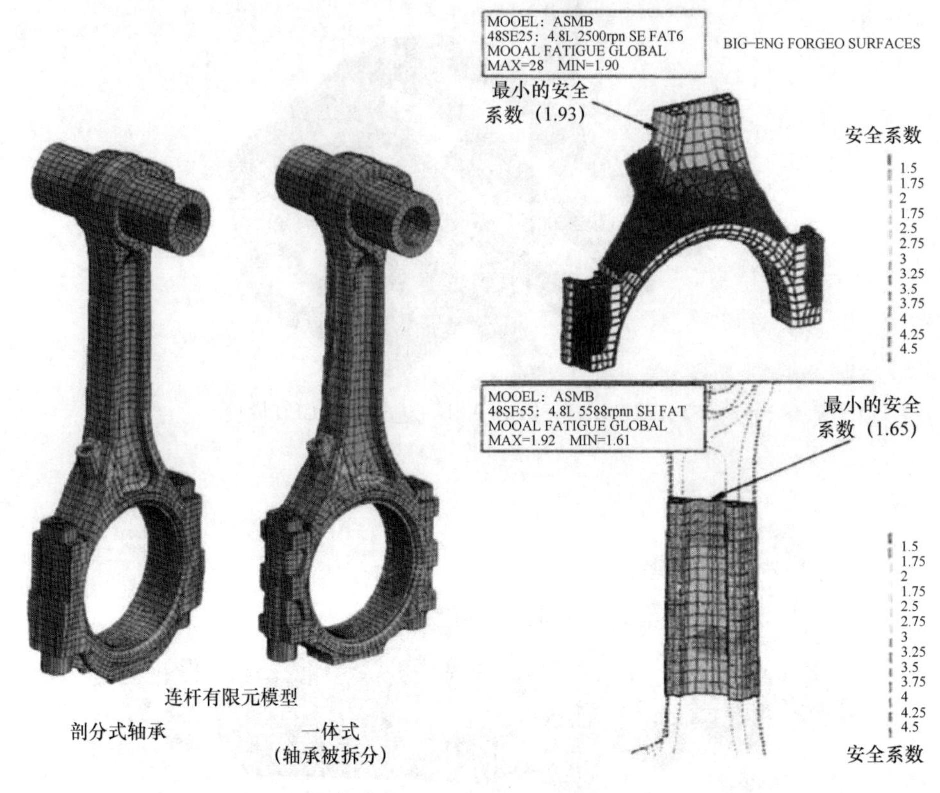

图 3-114　强度计算（1）　　　　图 3-115　强度计算（2）

以前，对冷却水水套的造型的关注相对较少。例如，对于气缸盖，如果考虑到可铸性来设计燃烧室、火花塞通道、进排气道、气缸盖螺栓连接和气门以及配气机构和润滑油供给，那么水套会或多或少地碰巧地利用组件之间剩余的自由空间。

此后，冷却系统不仅对冷却本身，而且也对发动机的快速加热进行优化，冷却水水套的形式得到了应有的重视。快速加热不但可以缩短热机阶段，由此可以降低冷启动燃油消耗，而且为车辆乘客内部空间提供更快的加热服务。此外，这还意味着可以减少冷却介质的容量。但是仍然要保证高的热载荷零部件，如气缸盖中两气门座或活塞不能过热。少量的压力损失应使得冷却水泵的功率损耗最少化。

为了能平衡这些部分是自相矛盾的要求，要求对冷却系统和冷却水通道进行有目的地开发设计。在造型设计阶段，通过以一维网络方法为基础的计算来支撑。这个方法可以在开发设计的早期阶段对水套进行预优化，而不必动用只有进行详细的结构设计才需要的三维模型。预先计算的目的是确定对水套来说所需要的横断面，以作为零部件结构设计的规定条件。

在一维网络方法中将发动机的不同零部件作为热交换器看待。为布置设计这些热交换器，需要气体侧的热流密度（散发的热量），它对一个还需要进行结构设计的发动机来说自然不是作为测量数据存在的，所以首先得动用经验数据或者简单的经验关联式（图 3-117）。在水侧，取决于传热表面的冷却介质速度由带走气侧散发的热量而不产生局部过高的金属温度来确定（图 3-117 右侧和图 3-118）。

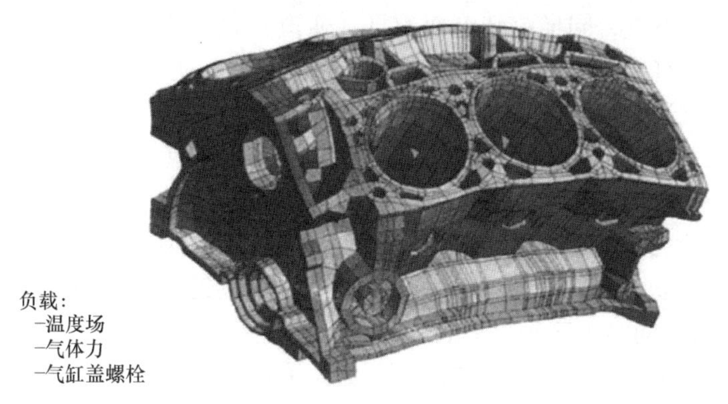

图 3-116　结构分析：气缸体变形

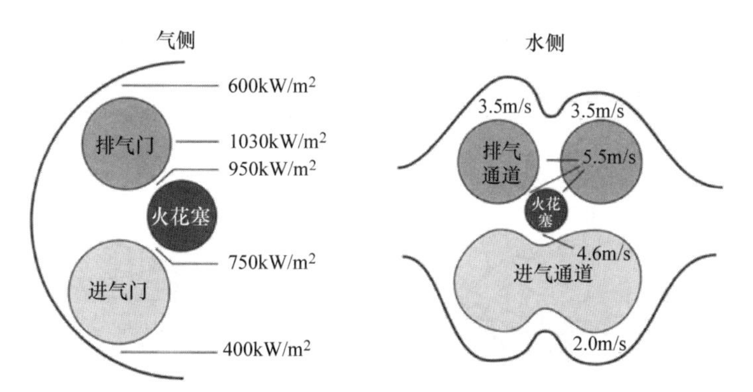

图 3-117　所需要的热流密度和所属的流动速度的经验值（4 气门发动机）

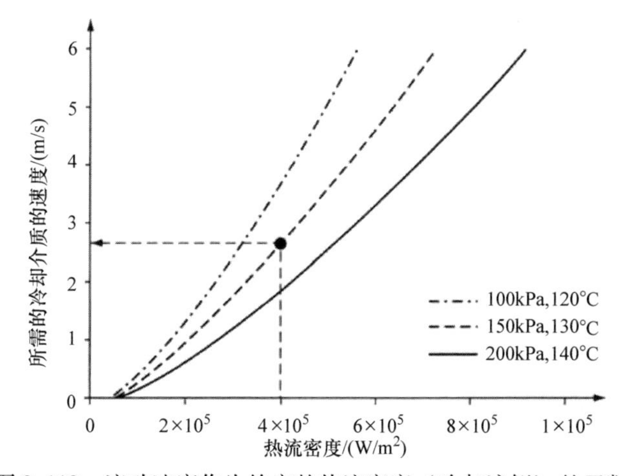

图 3-118　流动速度作为给定的热流密度（冷却液侧）的函数

对于一维计算，必须将三维水套抽象到管道系统上。图3-119（左侧）显示了一个四气门气缸盖上的纵向流通的水套的气缸。从左向右的冷却介质流动以部分流的形式进行，部分流通过冷却水道流到两个排气通道（横断面1和2）和排气门横梁（横断面3）下方，同样流到上面的排气通道（横断面4和5），流到火花塞和两个排气门导孔（横断面6和7）之间，流到火花塞和两个进气道（横断面8）之间以及流到进气通道（横断面9）下方。

通过抽象化，从冷却管道中导出一个管道网络（Flowmaster－模型），如图3-119右下侧所示。因为各个冷却通道的直径自然不是一个常数，因此，在水道中的由于截面变化、加速、减速和弯转引起的压力损失借助DL数值（局部损失，与体积流量有关联，按比例折算到压力损失）添加到模型中。借助于迭代计算（迭代计算作为中间结果来确定影响局部传热的速度）来确定最窄的冷却水道横断面。最终的计算结果由结构设计数据的一个关系式组成，此关系式与所有参与的冷却通道的最窄横断面相关，这些冷却通道不仅将整体的，而且也将局部的散发在气侧的热量带走，并且确保规定的水侧的金属温度水平。如果有三维的CAD－数据，便可进行大量的CFD－计算（图3-120），这些计算首先可以进行一维网络方法的验证，而主要用于详细的结构设计以及进一步的详细优化。

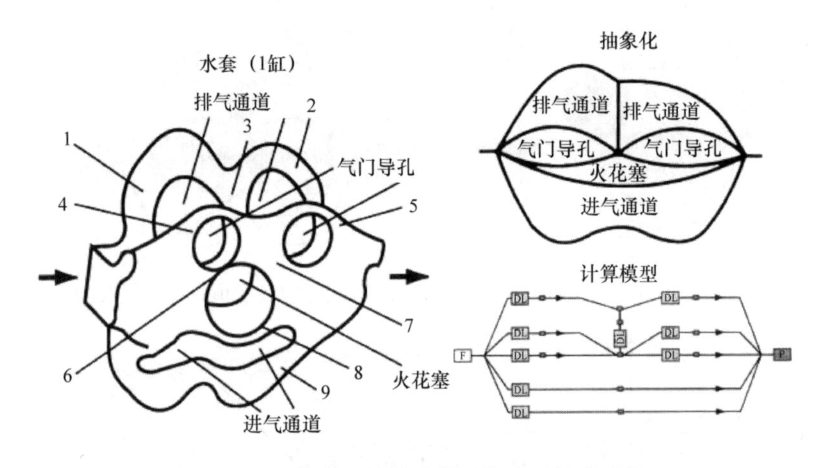

图3-119　一维流动计算的模型构建（管道系统）

3.3.5　设计方案开发的原理性试验

本章节将介绍示范性的原理性试验，这些原理性试验在开发设计的早期阶段可以用来确定内燃机子系统的设计方案研究的验证。借助于CAE方法，这些试验可以确认或修正理论上的研究。由此，设计方案的选择就能得到明显的改善。

为了说明这种方法，以配气机构和曲轴箱设计以及燃烧过程开发为例，详细描述这种方法的实施流程。为了评估配气机构的运动学，将会用到气门升程、气门速

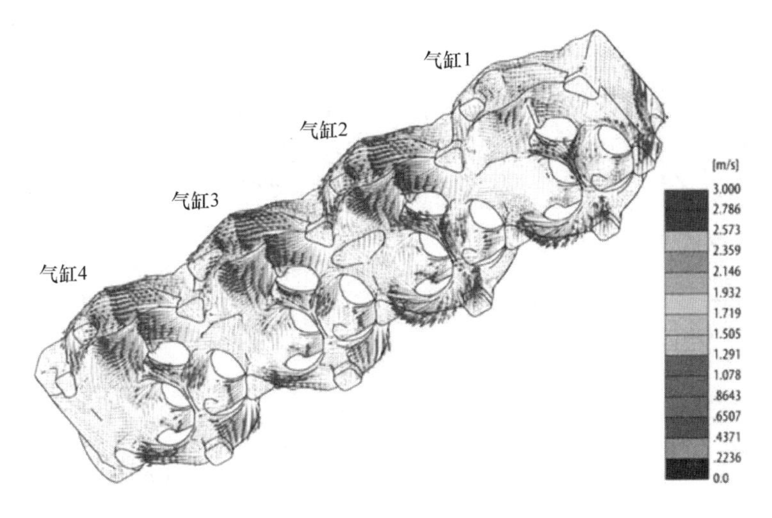

图 3-120　水套的流动计算（4 气门气缸盖）

度和加速度（图 3-121）。目前，在量产发动机上的平面挺杆的最大速度是 0.2 ~ 0.24mm/deg。这是因为，平面挺杆与凸轮之间的接触点向外偏移，因此，必须将与挺杆尺寸相关的运动速度限制在某个值上。

气门加速度对材料负载而言是很重要的，目前设定的极限值为 0.02 ~0.3mm/deg^2，这个数值是由给定的材料负载限制来确定的。

图 3-122 显示了考虑配气机构动力学的变化曲线。首先可以看到气门加速度的变化。弹簧力显示了理论上的变化过程，其变化过程是由动态的元件，即在弹簧中受自身激发产生的振动，叠加而成。此外，还可以看到由在气门座圈上的气门落座引起的强烈脉冲。这些特性参数对配气机构的耐磨性能来说是有决定性意义的。

借助于计算模型来设计凸轮轴系统（图 3-123）。杯形挺杆直接由凸轮轴驱动。一个弹簧 - 质量 - 系统以及阻尼元件可以模拟这类系统的各个特性。

图 3-124 显示了借助于 FEM - 结构分析来确定挺杆刚度。由于导入的力从中点向外侧偏移，因此就显得非常重要。必须调节这种偏移，通过挺杆设计以实现在任何情况下都能达到相同刚度的可能性。如果存在不同的刚度，那么就会使系统变形，从而可能在声学特性或磨损问题中表现出来。

计算模型使得对力的波动的测定成为可能，而力的波动必须要降到最低。能够预先计算得出接触损耗的临界运行状态，通过系统的设计和协调，可以完全避免在重要的转速范围内的接触损耗。通过这种方法，一个系统就可以实现精细的计算上的优化，由此就能通过少量的磨损和更好的噪声特性达到一个更高的耐久性。

关于气门机械载荷的描述提供了气门落座力，如同气门落座时的速度一样，气门落座力可以直接给出关于噪声来源的结论。计算模型也给出了关于公差敏感性的论述，即可以更早地考虑到在生产条件下系统变化的影响。

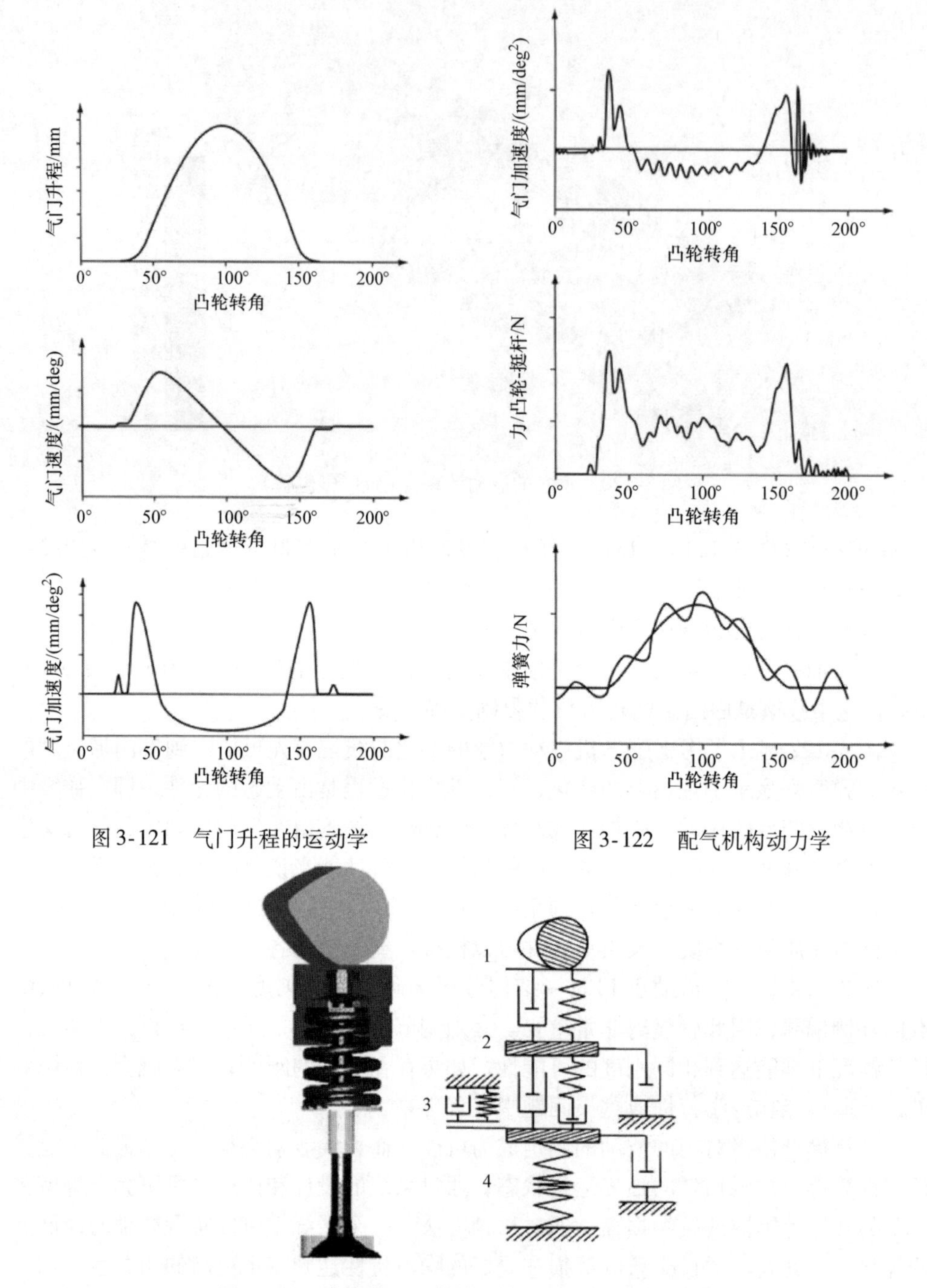

图 3-121　气门升程的运动学

图 3-122　配气机构动力学

图 3-123　计算模型：弹簧 - 质量 - 系统及阻尼元件

1—凸轮轴当量质量　2—杯形挺杆和部分液压元件的当量质量　3—阀座

4—气门和液压元件的柱塞和气门弹簧不振动部分的当量质量

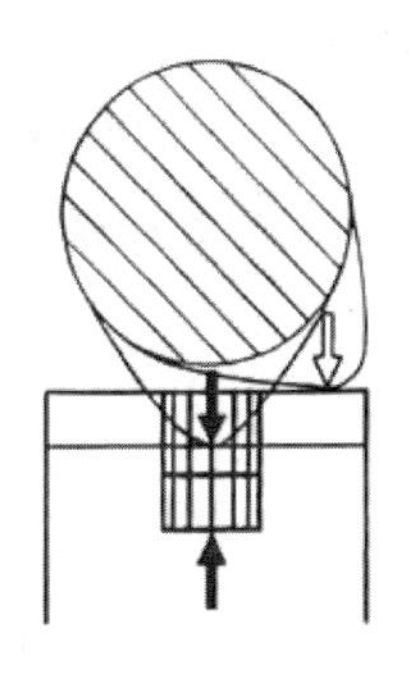
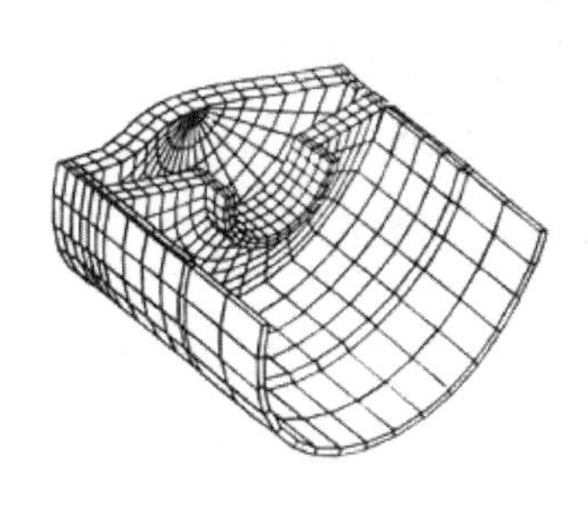

图3-124　借助于FEM-结构分析确定挺杆刚度

除了通过计算机模拟模型的计算设计，测量程序也用来验证计算。为了在一个测量程序的范围内确定配气机构的动力学，需要不同的测试。所以，研究气门-总行程（用mm测量），以及在与气门座冲击之前的1mm处气门的落座特性是很重要的。气门-轴向力-测量还能用来了解热过载。一个排气门的负载越高，如温度达到800℃，通过系统的技术老化引起的微小裂纹就会越早产生。由于切口应力集中效应，这将导致应力增加并由此导致破坏。

气门-弹簧力-测量也属于配气机构动力学设计的测量程序，它决定着落座时是否可以避免接触损耗或是否在系统中会出现高的摩擦，而这又必将会消耗更多的燃油。也可以测量凸轮轴偏移（在mm范围内弯曲），它对于系统的动力学设计是有决定性意义的。

有一种方法，通过它可以测量气门行程，就是所谓的气门行程-传感器（图3-125）。这个感应总行程的传感器受到一个更小的、用于传感落座前最后几毫米的传感器的支持。这里，通过高频交流电将产生一个电场，而电场又会在气门中产生电涡流，在一个谐振电路里通过这些电涡流确定所吸收的能量。

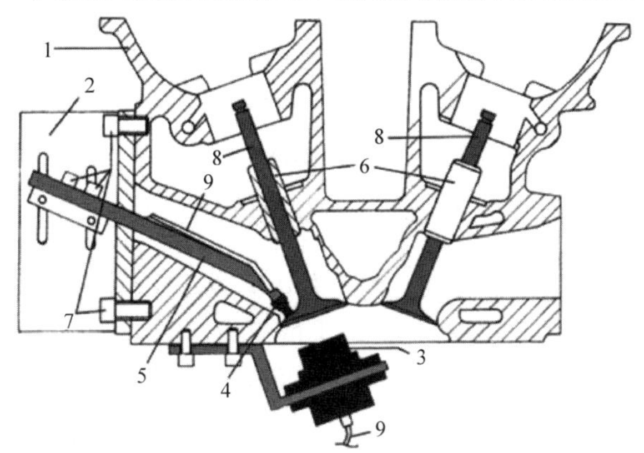

图3-125　气门行程-传感器

1—气缸盖　2—特雷格三脚架　3—总行程测量传感器　4—最后几毫米测量传感器
5—传感器支架　6—气门导筒　7—固定螺栓和调节螺栓　8—气门杆　9—传感器与放大器连接电缆

具体说来，比如可以在凸轮轴－斜面范围内测得气门升程。图 3-126 显示了在 1000r/min 转速下的气门升程的情况。图 3-127 显示了 6700r/min 的高转速下的落座特性。此处令人关注的是气门的后冲击，它会引起快速的磨损或者甚至脱落。

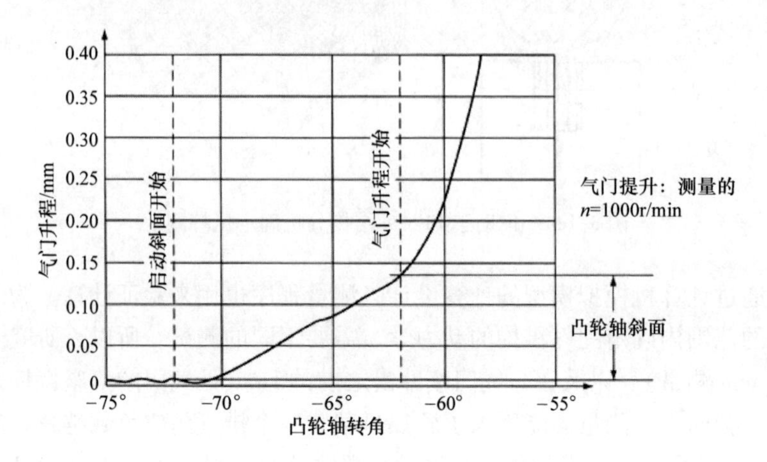

图 3-126　在凸轮轴－斜面范围内的气门提升

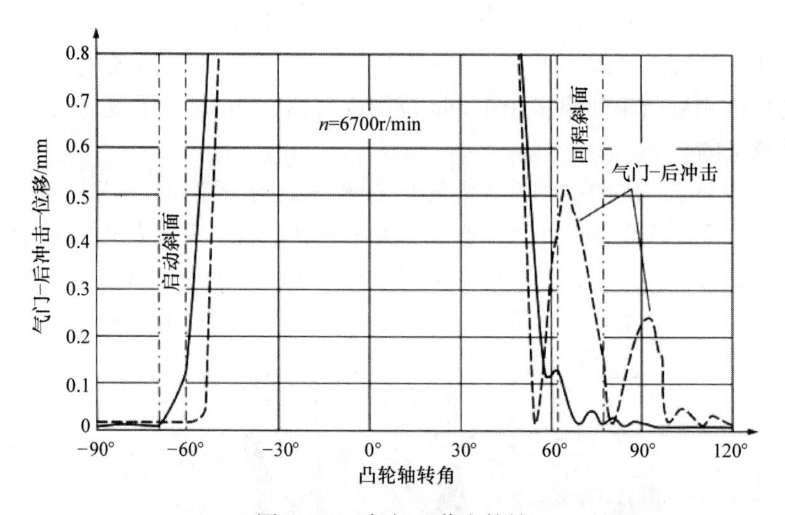

图 3-127　气门－落座特性

气门落座速度也是一个重要的参数，若错误地设计的话也许会导致气门磨损以及气门座磨损。图 3-128a 和 b 中的运动学的落座速度与转速呈线性关系。如果系统以一个未经优化的轮廓工作的话，落座速度会从一定的转速起以 1m/s 变化。这个数字对于超过一个更长的运行功率来说是很关键的，因为它比如说将不再可以通过一个液压元件（液压间隙调整的配气机构）得到提升。当转速范围限制在 6200r/min 时，可以决定采用一个简单的优化措施。但若转速范围进入 7000r/min

范围时，就必须重新调整凸轮形状（图2-128b）。

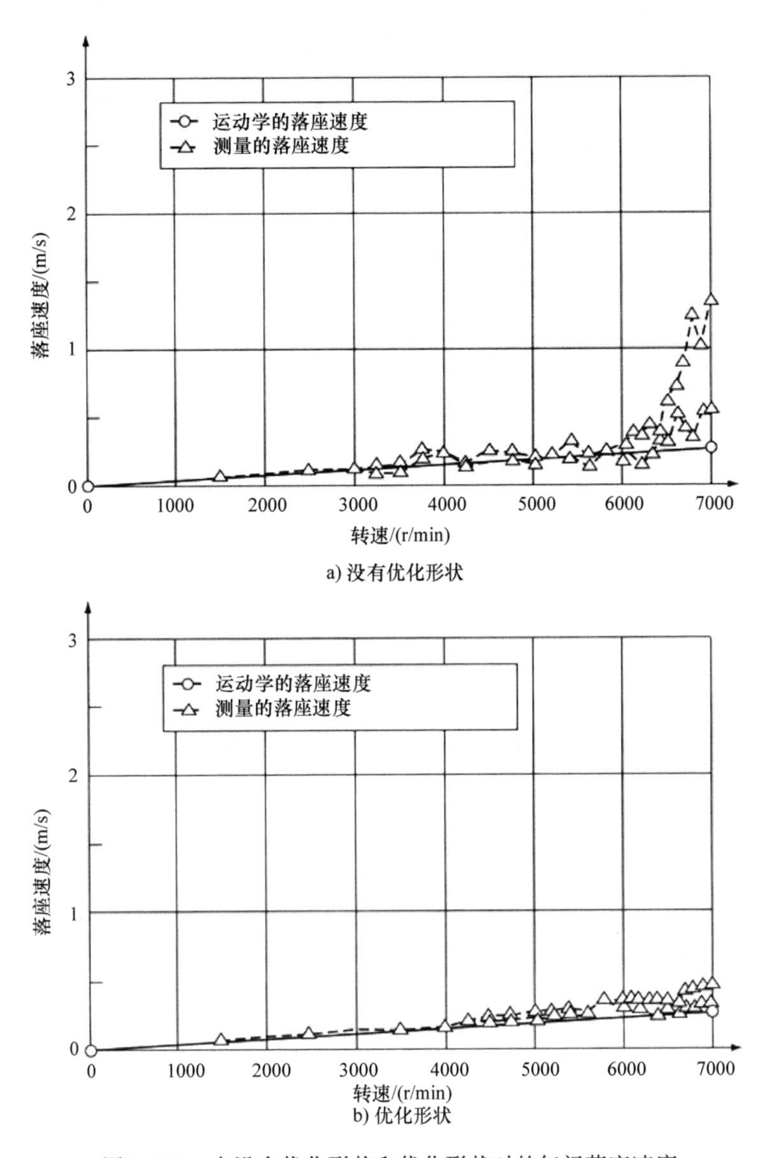

图3-128　在没有优化形状和优化形状时的气门落座速度

声学中可以确定另外一些重要的测量数值。图3-129上的概貌描述了固体声向外传递的路径，固体声直接由燃烧产生，并从气缸盖传出，比如由活塞对气缸壁的碰撞或者也通过燃烧本身形成，内部的传递路径经过连杆、支承连接件、通过气缸体和油底壳传递。通过外部和内部的传递路径向外穿透的固体声会作为发动机噪声散射出去。另一方面，振动通过弹性的发动机支承传递到车身上。由于车身的固体声传递作用，这种振动激励在车辆的内部空间里是可以感知的。固体声的频率范围

<500Hz。超过500Hz时空气声会通过车身的空气声－传递作用朝内部传导。这两种激励（固体声和空气声）对一系列不同的噪声是负有责任的。

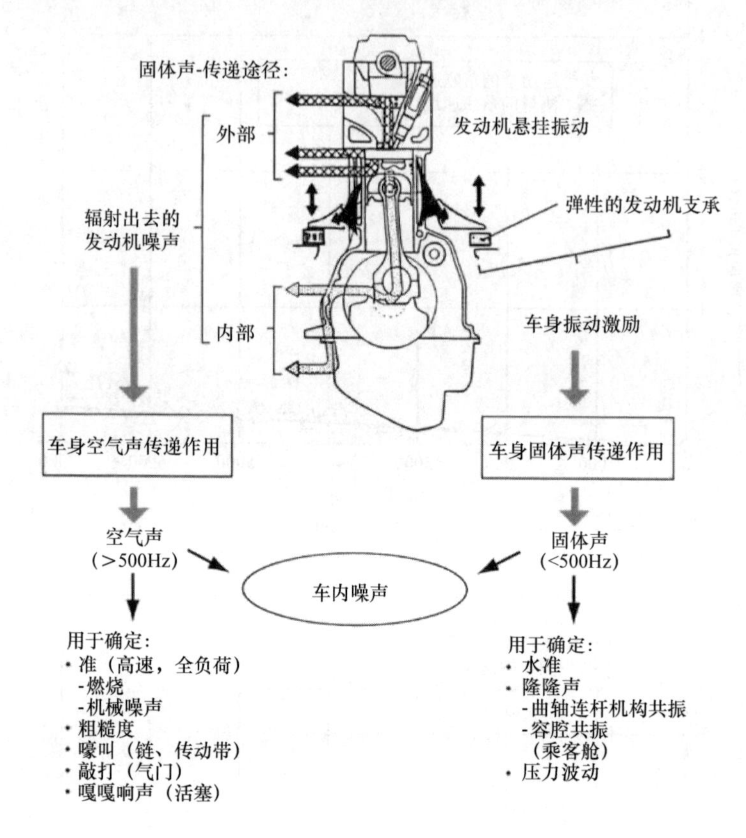

图3-129　声学测量参数

利用在曲轴箱中的基础研究可以分析噪声的激励。从图3-130中可以看到，借助于一个压电式压力传感器可以确定第3个气缸的压力是如何变化的。不仅是固体声对激励的响应，而且导致带有间隙的零部件的碰撞的质量力都可以用加速度传感器（此处是在支承的范围内）记录下来。电感式行程传感器也同样可以记录曲轴的偏移轨迹。图的下半部借助加速度显示了测量值的分析。测量点的布置如下：

— 麦克风在距离1m内的4个标准位置上；

— 电阻应变片在轴承盖、第3和第4轴承上；

— 加速度传感器在发动机的关键部位；

— 压电式压力传感器，第3缸；

— 电感式行程传感器在第3、第4主轴承上；

— 加速度传感器在有弹性的发动机机架上。

分析可以在点火的、也可以在不点火的发动机上进行：

点火发动机，准稳态的高速运行和经挑选的稳态转速，空载和全负荷：

1. 发动机的噪声散射（空气声）；

2. 弹性的发动机机架的振动（固体声）；

3. 固体声－传递路径，主轴承/发动机表面

— 第3缸的燃烧室压力和压力梯度；

— 曲轴偏移，第3和第4轴承；

— 主轴承负载，第3和第4轴承；

— 主轴承的加速度，第3和第4轴承；

— 发动机表面的振动（例如曲轴箱）；

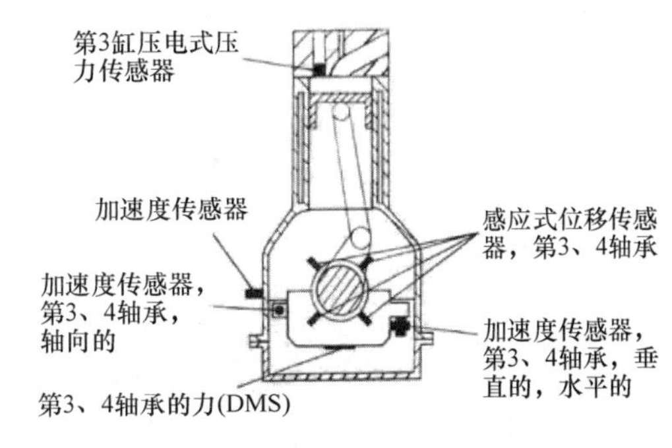

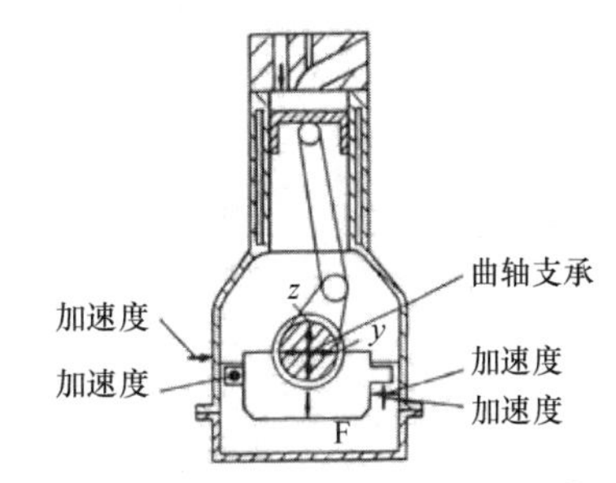

图3-130 曲轴箱基础研究的测量位置

4. 心理－声学参数（响度，清晰度，粗糙度）。

不点火的发动机的评估研究：

1. 模态分析，发动机气缸体和内藏式发动机（发动机气缸体、油底壳、气缸盖和完整的变速器）；

2. 用运行激励方法（用激励波谱来倍增）的内藏式发动机的评估；

3. 到发动机支承的固体声传导。

凭借研究的结果，例如开发和比较作为加固曲轴箱传动装置措施的零部件。一个支承－纵向连接（图3-131上部）相互连接了不同的支承位置。带或不带整体式轴瓦的支承加固带是一个带短挡板的发动机的另一个部件。

图3-132显示了相对于以分离式主轴承和铸铁－曲轴为基础的方案的不同的曲轴箱加固的测量结果。可以看到，带整体式曲轴支承的支承加固带在所研究的转速范围内具有最小的响度（声音）水平。

基础研究的结果对噪声辐射有如下的总结，其中在带有短挡板和长挡板的发动机之间有所区别（图3-34）：

— 带有短挡板的发动机在初始状态时比带有长挡板的更好；

— 在远场，在1~2kHz－范围内可以有2~3dB改善，当发动机带有：

a）通过带或不带整体式轴瓦的支承加固带的短挡板；

b）通过可能的支承－纵向连接、传导框架、支承加固带的长挡板。

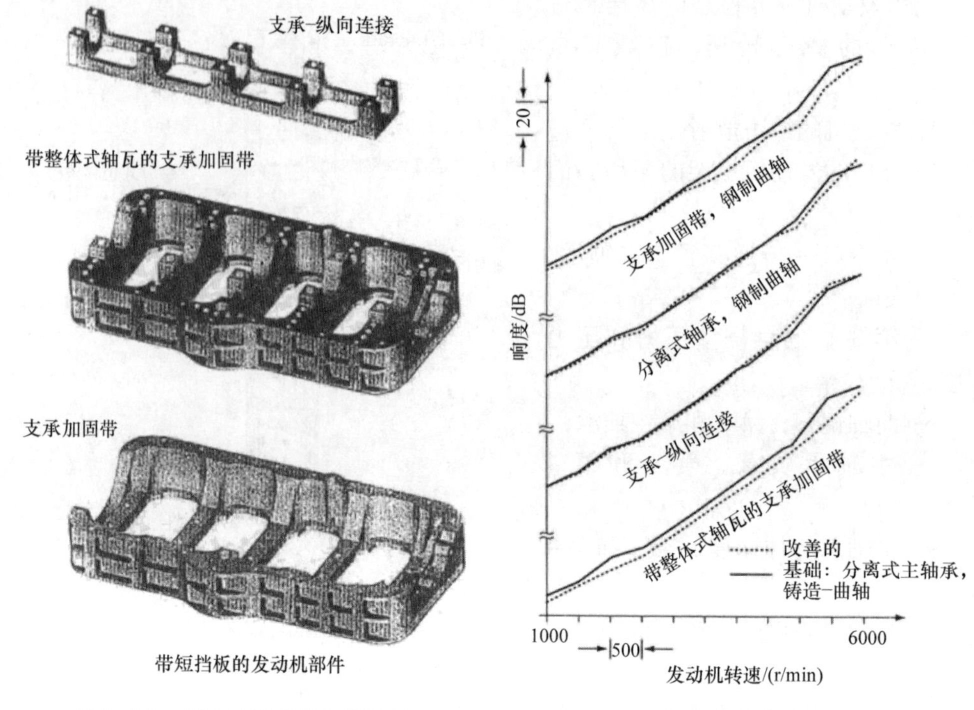

图 3-131　用于曲轴箱基础研究的CAD模型和元件

图 3-132　提高曲轴箱或曲轴刚度的不同措施的测量结果

借助于带或不带整体式轴瓦的支承加固带可以在600Hz以下减少振动；然而这不适合于四缸－直列式发动机二阶振动情况。

通过加固，可以改善噪声质量，这种效果如何在乘客舱里产生影响，必须要自身在车辆里得以检验。

改善发动机声学的合适的设计方案是如图3-131显示的部件：支承－纵向连接、支承加固带和带整体式轴瓦的支承加固带。这些设计方案的改型是如何产生影响的呢？在1～2kHz的频率范围内降低噪声水平主要是通过轴向主轴承－模态的限制来实现的。固体声从主轴承到挡板表面的传递由两个影响所确定：

— 由于在结构中（附加的固体声－路径）更牢固的连接而产生的“更好的”传递不会导致恶化。

— 由于更大的结构刚度而使得声辐射表面的振幅更小是一个主要的效果，其效果是通过油底壳更小的激励而得以加强。

这个研究结果的运用对结构设计给出了设计准则：

— 更强的曲轴箱结构产生更小的噪声和振动；

— 可实现的改善依赖于初始状态（刚度和零部件声源的等级）；

— 支承－纵向连接或者曲轴箱－侧壁的连接只带来小的甚至微不足道的改善；

— 如果主轴承和油底壳法兰连接在一起则会产生最好的效果；

— 应该避免横向螺栓连接作为单独的措施（主轴承模态耦合）；

— 曲轴箱的刚度与发动机气缸体的动力学优化同等重要。

除了对已描述的配气机构子系统和发动机结构实现噪声形成和辐射的最小化的方案确定外，还有另一个领域，即认证试验。在方案分析和选择时进行认证试验。此处主要是燃烧过程的开发。尽管基于 CAE 和 3D－CFD－计算的分析方法已有了很大的发展，原理上的试验还是需要的，这一方面为了优化涉及框架条件和假设的计算模型，另一方面为了验证关于计算结果的定量的论述。

在燃烧过程开发时，进气机构和燃烧室的造型、火花塞的位置、活塞形状甚至冷却通道的造型对燃烧过程的变化结果都是尤为重要的，它必须满足不同的、部分甚至是自相矛盾的预定目标。

在全负荷时，应该实现最大转矩和最大可能的功率，同时燃烧噪声必须是如此确定的，即在给定的汽车装配情况下，加速通过噪声不超过规定的噪声水平。此外，在部分负荷运行时，应该实现尽可能好的效率和同时最少的有害物质。

进气流动的造型的一个可能性是涡流－进气道，它特别用于空气稀释（稀燃方案）或用废气（废气再循环）稀释的情况下高效率地燃烧。因此，涡流－进气道是一个重要的元件，当燃烧时它可以控制流入的空气或者燃油－空气混合气，以保证最可能低的燃油消耗量、遵守废气排放法规以及非常好的噪声特性。

基于涡流－进气门的设计，可以计算在气道和燃烧室里的、与曲轴转角和气门升程直至关闭的气门相关的流动特性。图 3-133 显示了带所谓适度的涡流－气门的计算，但它已经在燃烧室引起了确定的涡流。

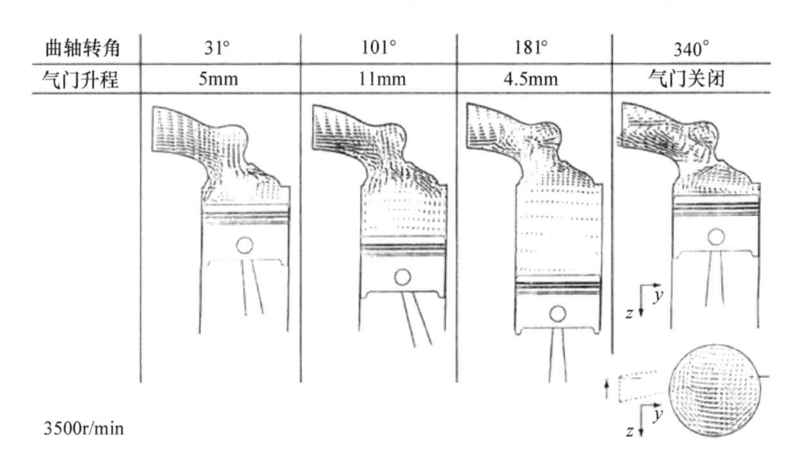

图 3-133　无凸台的适度的涡流－气门－气道

从进气道 3D－CAD－模型出发，借助于 CAD/CAM 可以制造出所谓的流动箱体。这种流动箱体由一个上半部分模型和一个下半部分模型组成（图 3-134）。在两个部分中，可以铣削出气道的形状，以便可以借助于这个模型在一个流动试验台上研究这个气道。

也可以用 LDA（激光多普勒测量仪）来获得结果。在事先给定的空气质量流量且在稳定流动的情况下，借助于 LDA 能够对计算结果进行标定。用这种方法可以研究许多进气道方案（图 3-135）。图 3-134 显示的流动模型是对不同方案研究的原始形状。气道的形状相应于涡流的强度有不同的名称：最强涡流、强涡流、中等涡流、滚流-气道和传统的气道。在气门杆中点与弯曲自身之间的挠度对涡流强度而言起着决定性的作用。

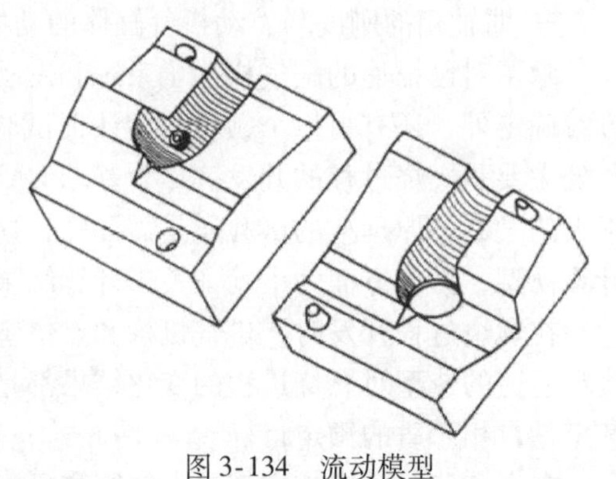

图 3-134　流动模型

在滚流-气道中，在燃烧室中的进气流切向地流动，紧接着以围绕一个与曲轴平行的想象中的轴的滚流的形式进行，而不像在涡流中围绕气缸中心轴旋转。

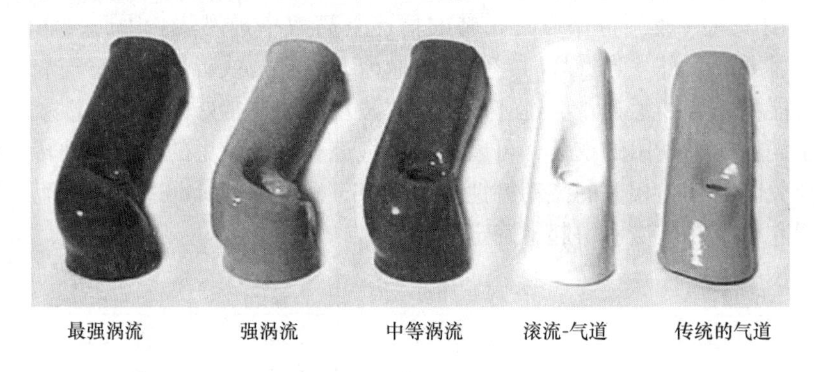

最强涡流　强涡流　中等涡流　滚流-气道　传统的气道

图 3-135　进气道变型

图 3-136 显示了不同进气道的涡流特性和流动特性。在一个所谓的流量试验台上，可以模拟在一定的吸入空气量的情况下，在气门 0～12mm 不同开启阶段的情况。可以看到，涡流强度与流量正好完全相反。最强涡流对发动机的气缸充气、转矩以及特别功率潜力等不能自动提供最好的先决条件。

此外，发动机的总摩擦对油耗特性和排放特性而言是一个决定性的因素。如果一台汽油机完全无摩擦地运转，油耗的节省潜力就如同图 3-137 显示的那样有利，油耗的节省潜力根据转矩的大小在 10%～60% 之间移动。从实际转矩曲线到无摩擦发动机的虚线之间的突变显示了功率的提升。

实际特性必须借助于测量程序来检验，在这种方法中要关注试验载体，例如在气缸体内的曲轴连杆机构。在所谓的倒拖试验台上可以模拟电机的驱动。转矩-测量轴会分解测量数据并加以分析。所有的参数，如油温和水温，必须保持不变，以

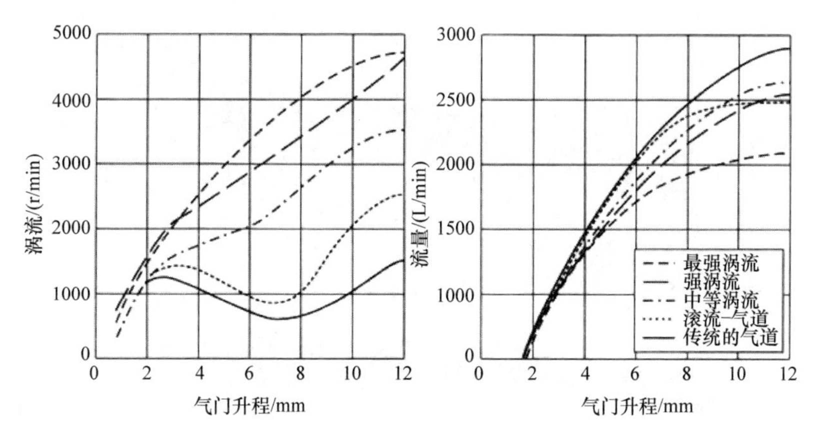

图 3-136　不同进气道的涡流特性和流动特性

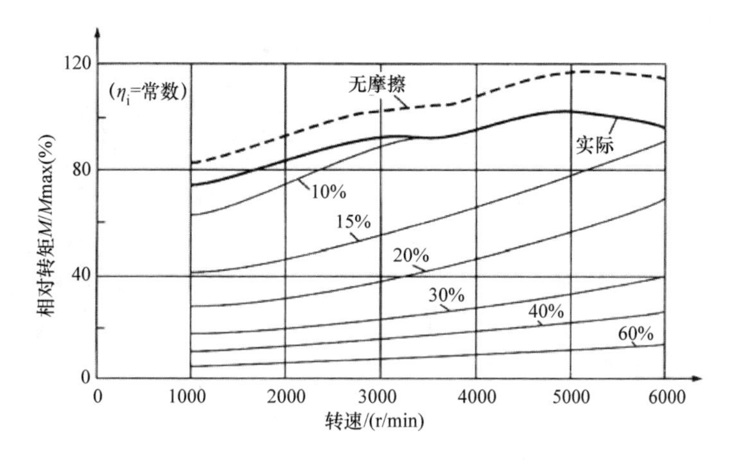

图 3-137　“无摩擦”汽油机的油耗 – 节省潜力

保证测量结果的可靠性。

图 3-138 显示了发动机不同零部件消耗的摩擦功率所占份额。曲轴在发动机里消耗大约 15% 的摩擦功率，机油泵大约占 10% ~20%，活塞、活塞环和连杆占据了主要的份额，大约有 40% 的摩擦功率。由于这个原因，在开发设计时要尤其重视气缸内壁变形（在热的运行条件下尽可能均匀地“圆”）的优化和活塞环应力的最小化。

水泵的份额是 10% ~15%，发电机占据了最小的 2% ~4% 的份额。引人注意的是，配气机构的影响，特别是在低转速时，是非常大的。在 1000/min 时，它已占据了 40% 的摩擦功率，正好与活塞组、活塞环组和连杆组的总和一样多。在当今城市工况的运行状态下，这个认识是特别重要的。为了在低速时也能达到好的油耗，必须要对其优化。

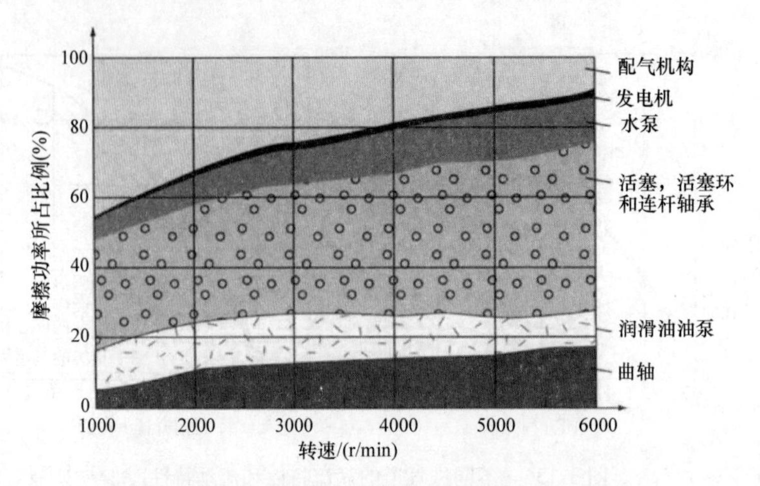

图 3-138　传动机构和附件驱动的摩擦损失的比例

如果使用滚轮摇臂来代替平面摇臂，就可以显著地降低配气机构中的摩擦。图 3-139 显示了一个滚轮摇臂，在发动机设计方案中是与顶置凸轮轴一起使用的。与凸轮在上面滑动的摇臂相反，滚轮摇臂是一个带有相应的更小的摩擦的滚动的移动。

图 3-139　滚轮摇臂

图 3-140 清楚地显示了积极的影响。摇臂在低转速时则会出现高的摩擦转矩，而带有液力气门间隙调整的滚轮摇臂运动差不多低 3 ~4N · m。配气机构摩擦的这种优化在 2. 5L – V6 – 发动机的蒙迪欧、1. 0L – 和 1. 6L – SOHC – 四缸的 Fiesta 中得到了实际应用。

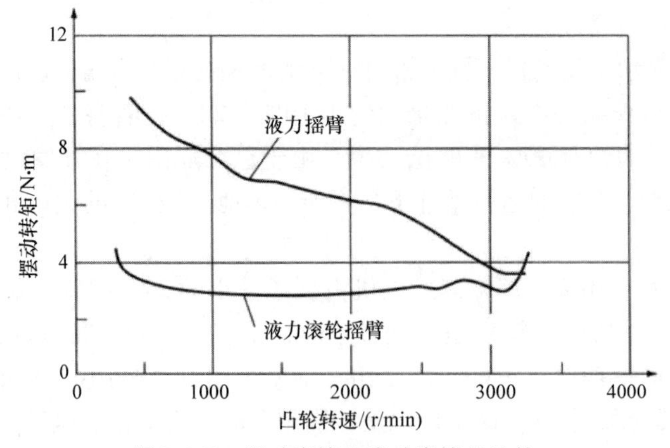

图 3-140　滑动摩擦和滚动摩擦的比较

3.3.6　技术性的方案选择

对于技术性的方案确定来说，必须要从各种变型中进行客观的选择。结果必须随时可以呈现，并且能够由所有相关方共享。下面叙述的决策流程对可供选择方案的研究是一个合适的辅助方法：

— 定义规范（团队）；
— 确定目标（团队）；
— 确定规范的重要性（团队）；
— 制定可供选择的方案（工程）；
— 估计方案潜在的费用；
— 评价可供选择的方案（团队）。

所有子任务的完成使做出客观判断变得更加容易。价值取向的决策流程（见章节 4.2.1）是一种易于理解的分析，它提供了一个良好的讨论基础，当满足以下规范时：

— 规范的系统性（例如功能和成本的）；
— 功能和费用之间的权衡；
— 不同范围之间达成意见一致；
— 结果的客观性和可追溯性；
— 文档。

每个决策都需要实现某些确定的目标。这里要区分强制 - 目标和愿望 - 目标，强制 - 目标是绝对必要的，愿望 - 目标是可磋商的。强制 - 目标是在任何情况下都必须要实现的要求（Go/Nogo - 决策）。当有人必须要在两小时内从 A 到达 B，那么一辆带空调的坐上它就可以到达目的地的列车是一个愿望 - 目标。如果没有超过两小时的时间和强制 - 目标也证明费用/使用支出是正确的话，那么这个目标是可磋商的。这里也可能有一种决策，它在强制 - 目标的情况下是不可能的。绝对必要的目标必须：

— 明确的定义；
— 明确的界限确定；
— 依据事实；
— 用 Go/Nogo 来评估。

不再考虑用 Nogo 评价的可供选择方案。

“明确的定义” 意味着在上述例子里的两小时的时间和不更快。如果可供选择的方案之一超过了两小时，它就取消了，即使它更便宜。如果另一个方案进行的更快，但是更贵，也被取消了。

可磋商的目标同样也是能标上记号的，对此，它还必须按照它们的重要性用 1 - 10 的刻度来权衡（相对的重要性 RG）：

— 确定目标潜在的分散宽度；

— 在一个数值上没有特别的规定；

— 目标在所考虑的分散宽度内按照权衡来定义。

愿望 - 目标的完成度（能力）同样用 1 - 10 分来评价。能力评价 LB 如表 3-6 所列。它与相对权重 RG 相乘，得出函数 F。

$$F = RG \times LB$$

气缸盖的例子显示了如何理解目标的区别。例如绝对必要的目标是：

— 外形空间（事先确定的结构空间）；

— 满足排放标准；

— 气缸中心距（生产加工设备）；

— 零部件/生产加工设备的可再利用性。

这些打算必须要实现，就是说，每个比事先设定的结构空间要大的发动机变型都等到一个 NOGO - 决策。另一个强制目标是火花塞的可接近性，即它必须是可以容易更换的。与之相对立的是可磋商的目标，它们彼此有不同的重要性：

— 燃油消耗；

— 最大转矩；

— 转矩变化过程；

— NVH；

— 重量；

— 功率；

— 可变的零件成本；

— 投资。

一个高权重的愿望 - 目标是燃油消耗，它自然应该是越少越好。小的结构高度是另一个愿望 - 目标，它评价值也很高。

对于气缸盖的设计来说，要关注下面的可供选择方案：

两 - 气门 - SOHC（Single Overhead Camshaft = 单顶置凸轮轴），带有

— 杯形挺杆；

— 带滚轮的摇臂；

— 带滚轮的挺杆；

三 - 气门 - SOHC，带有

— 带滚轮的摇臂；

— 带滚轮的挺杆；

四 - 气门 - SOHC，带有

— 带滚轮的摇臂；

— 带滚轮的挺杆；

四 - 气门 - DOHC（Double Overhead Camshaft = 双顶置凸轮轴），带有

— 杯形挺杆；

— 带滚轮的摇臂。

首先要定义在整车－设计方案框架内事先确定的外形空间（Package）。就像对火花塞可接近性的必要性和冷却的要求一样，这个信息来源于企业自身并且毫无疑问作为不可变的强制－目标。

图3-141显示了两气门可供选择的配气机构方案，一方面带有机械式的杯形挺杆，另一方面带有一个带滚轮的挺杆，和布置了一个带滚轮的摇臂的三气门。凭借这些系统，就达到了一个标准－功率密度。其他的三个变型，即带机械式杯形挺杆的四气门，带滚轮的挺杆的三气门以及带滚轮的摇臂的四气门，可用于高功率密度发动机。

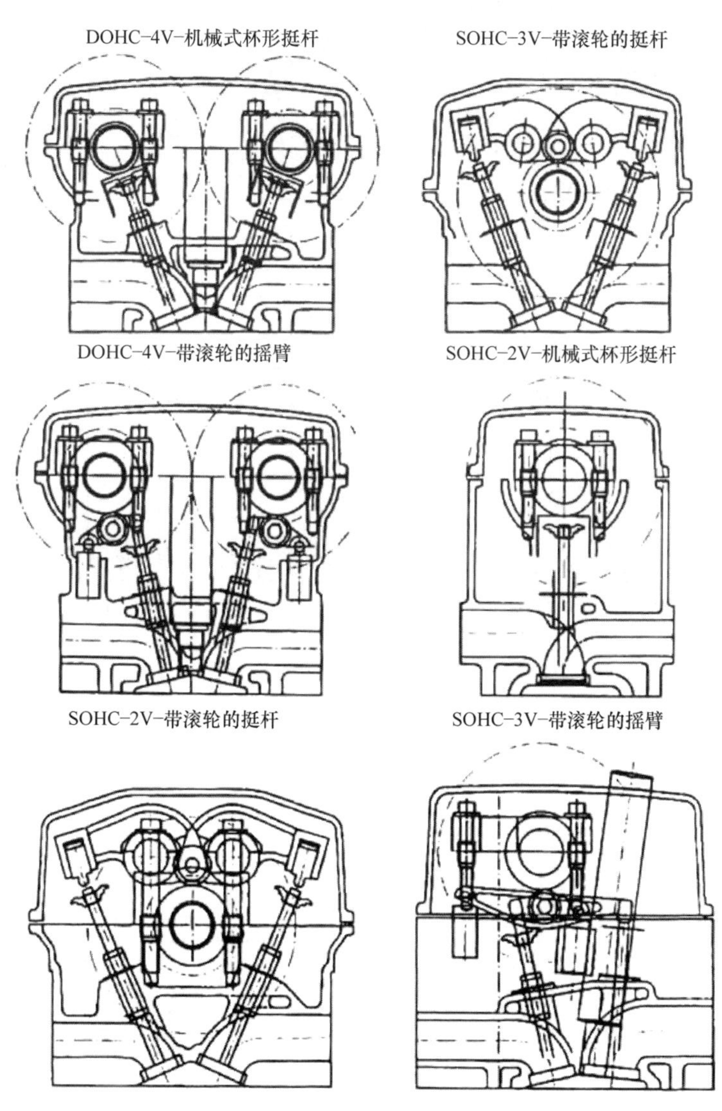

图3-141 可供选择的配气机构

表 3-6　一个气缸设计方案的决策矩阵

功率变型		两气门 SOHC									三气门 SOHC						四气门 SOHC			四气门 DOHC					
		杯形挺杆			带滚轮的摇臂			带滚轮的挺杆			带滚轮的摇臂			带滚轮的挺杆			带滚轮的挺杆			杯形挺杆			带滚轮的摇臂		
必须		信息		GO/NOGO	信息		GO/NOGO	信息		GO/NOGO	信息		GO/NOGO	信息		GO/NOGO	信息		GO/NOGO	信息		GO/NOGO	信息		GO/NOGO
结构高度<141mm		可行		GO	可行		GO	可行		GO	可行		GO	可行		GO	可行		GO	可行		GO	可行		GO
火花塞可接近性冷却		可行，但不优化		GO	可行，但不优化		GO	可行，但不优化		GO	可行，但不优化		GO	可行，但不优化		GO	可行，但不优化		GO	可行，但不优化		GO	可行，但不优化		GO
希望	RG	信息	LB	F	信息	LB	F	信息	LB	F	信息	LB	F	信息	LB	F	信息	LB	F	信息	LB	F	信息	LB	F
油耗（摩擦转矩）/N·m	8	1.5	8	64	1.1	10	80	1.7	7	56	1.5	8	64	2.3	6	48	3.1	4	32	2.4	6	48	2.1	8	64
动力学	10		10	100		9	90		4	40		8	80		4	40		4	40		10	100		9	90
结构高度/mm	7	120	7	49	140	5	35	88	10	70	140	5	35	88	10	70	88	10	70	100	9	63	125	7	49
开发潜力	8	转速1	4	32	转速1	3	24		1	8		6	48		5	40		5	40		10	80		9	72
加权的总函数Ⓐ				245			229			174			227			198			182			291			275
成本[DM]Ⓑ		66			93			107			119			125			138			98			138		
比值 A/B		3.7			2.56			1.63			1.91			1.6			1.32			3.0			2.0		

RG—相对权重　F = RGxLB

LB—功能评价

F—函数

一个所谓的决策矩阵首先过滤了所有的Nogo-决策，就是说，如果强制-目标中只有一个答复为“不可行”的话，相应的变型从一开始就要取消。例如带有带滚轮的摇臂的四气门SOHC就是这种情况。因为事先确定结构高度<141mm，而发动机越过了这个尺度，已经在这个位置做出了决策。

有哪个可能性去表示愿望-目标的特征呢？在确定燃油消耗时模拟计算可以提供帮助；配气机构计算用于确定良好的动力学性能（CAE）；借助于供应商信息确定费用，以及结构高度可以用CAD-设计，就像在强制-目标的情况下一样。例如气道切换、气门切换和直接喷射汽油机都可以用作为进一步开发的潜力。

现在，为了能够对一个功率变型做出决策，将利用矩阵表（表3-6）。所有的变型都得到了愿望-目标的相应的能力评价LB。油耗的相对权重RG为8，动力性得到了10的评价分数，结构高度评价分数为7和开发潜力评价分数为8。LB和RG的乘积给出了每个愿望-目标的函数F。通过各个函数的相加得到了加权的总函数A。在这里，带DOHC-四气门-杯形挺杆-配气机构的气缸盖设计成为了最佳（最高的总函数A）。可是如果注视价值，就是说，A除以成本B，带有机械式杯形挺杆的两气门-SOHC-设计方案得出了最高的性价比3.7。换句话说，这个设计方案以最低的成本提供了功率变型。

这个结果对于一个油耗优化的发动机变型来代替一个功率变型来说是完全不同的。特别是各个评价规范的相对权重RG（愿望-目标）必须适应“少的燃油消耗”的已经改变的目标设定。所以，例如重点放在低速和中速时高的转矩而不是与高转速相关的高功率，因为高功率需要一个“很强劲的”配气机构，也就是说，一个很好的配气机构动力学（在表3-6中：动力学）。这意味着，对于“动力学”而言，相对权重必须明显地更低，而对于油耗（这里的配气机构摩擦）而言，相对权重必须最大。对于一个油耗优化的变型来说，开发潜力的能力评价与功率变型相比也是不同的。带滚轮的摇臂的两气门-SOHC的特别少的摩擦和动力性好的设计方案将会达到最大的函数值，和与成本相关，对于已经实施的结构设计来说也达到了最高的价值（功能除以费用）。

3.3.7 发动机协调

许多影响发动机工作方式的参数可以得到优化：在油耗和功率的效果上或者在对排放和转矩的影响上。最重要的特性参数如图3-142所示。

进气管结构形状和喷射在进气侧起着重要的作用。摩擦对油耗占着决定性的份额，并由此间接地影响排放。燃烧室中的残余气体成分，一方面对发动机的运行状态不利，另一方面对降低氮氧化物却有积极的效果，主要通过燃烧室形状和配气定时起到影响作用。

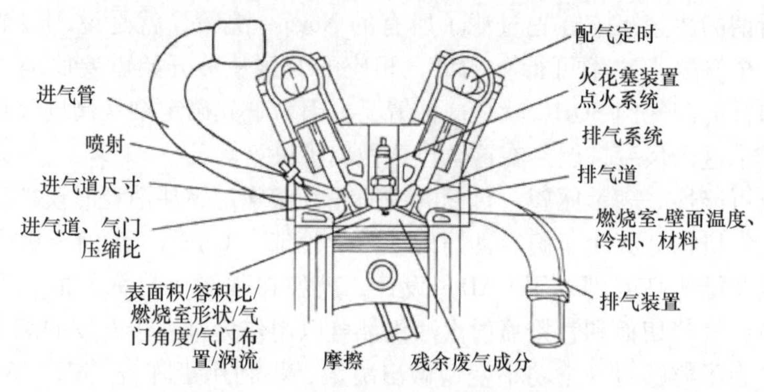

图 3-142　对油耗和功率的影响参数

在排气侧也同样有起决定性作用的参数，这些参数一起参与确定发动机的油耗和功率。首先通过计算机模拟得到所有这些参数的初选值，这些初选值必须由试验验证。图 3-143 显示了两个版本，在两个版本中每个相同的参数都被从不同状态使用。因此，在版本Ⅰ中采用中等强度的涡流来工作，而在版本Ⅱ中则用高强度的涡流。在两种情况下，要用 15～17% 的挤压面来试验，这个挤压面在燃烧室中产生流动涡流。对每个 34～38.5mm 的进气道直径来说有四个进气管变型，相应地各有两个进气门直径。围绕进气门布置的凸台在两种版本中的高度是 0mm、4mm 和 7mm。火花塞安排在进气侧和排气侧。活塞形式有平顶活塞（0mm）和在活塞顶上有一个凹腔（4mm）之分。

两种凸轮轴，即进气凸轮轴和排气凸轮轴，将通过配气相位来描述。在进气凸轮轴打开角度为 232°时达到最大气门升程 12mm，排气凸轮轴的打开角度为 236°时可以达到最大升程 10.5mm。

因为想要测试所有可能的变型将需要非常多的时间，研发工程师根据他的经验确定主要的开发步骤，它是被看作保证成功的。在图 3-143 中可以看出这两种版本的路径，每次总会研究进气侧和排气侧的火花塞位置。

在图 3-144 中可以看到体现精细优化的初选的结构造型，所有的参数需要准确地确定，表 3-7 相互比较了所选择的燃烧室。根据计算机模拟油耗值确定到小数点后两位，过后从中形成最终定义的燃烧室。

进气侧安置火花塞的燃烧室确定作为最合适的变型（图 3-145）。为了实现涡流的改善，重要地是围绕进气门布置的凸台。这种结构造型应用于 2.0L－DOHC－发动机并大批量生产。

四缸多气门发动机的研究首先从容腔出发（图 3-146）。例如一台 V－发动机在右侧和左侧底座各有一个容腔，下一个区分是按照进气管的布置来进行。在带两个进气门的四气门发动机中，这些气门中的每一个都安排了一个独立的进气管。如果要做出决策，必须要约定，进气道是否应该被分开或者成套（暹罗式）。如同在

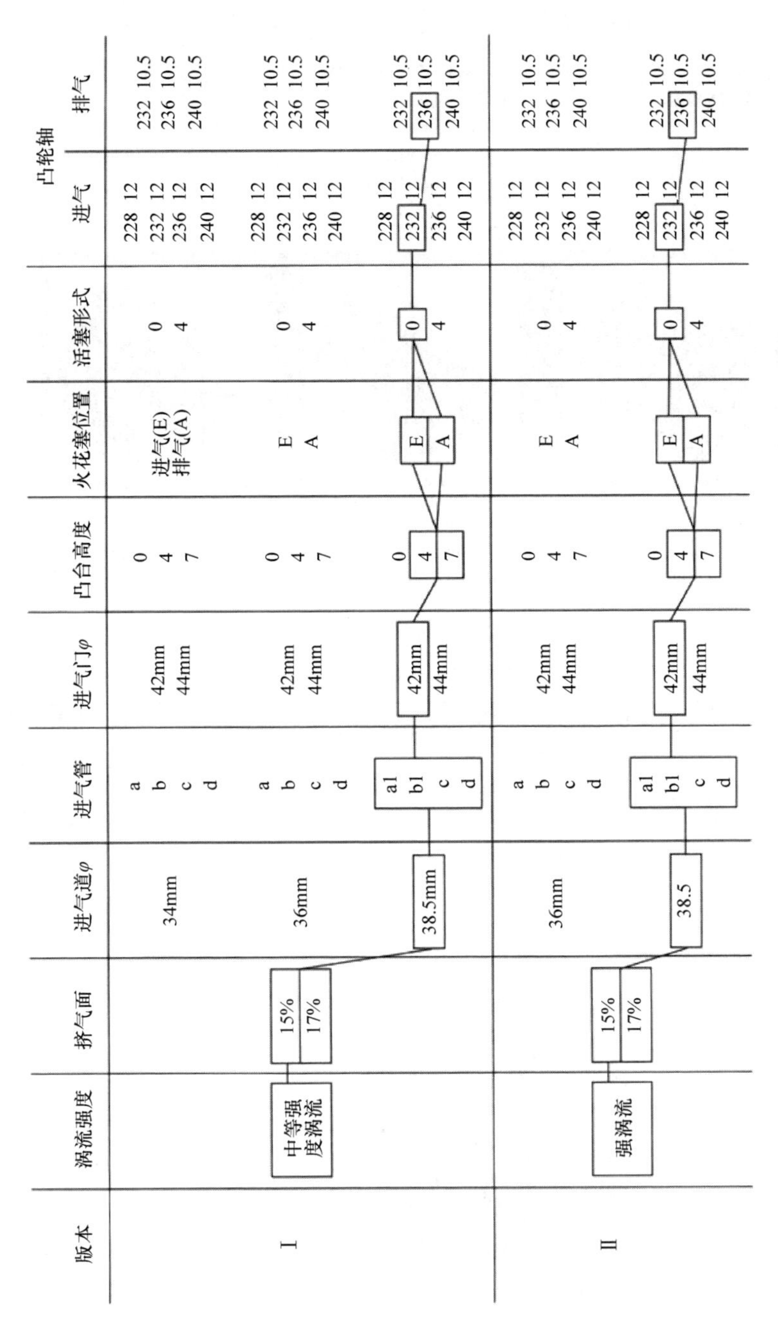

图 3-143 发动机协调的主要开发步骤

第3章3.3节的图3-108中所显示的，两个方案可以使用各两个进气管，它们被分开直到进气门为止。在第三种变型中采用了所谓的成套设计方案。变型之间的区别还在于喷油器的选择：在两个分开的进气道中有一个或者两个喷油器。

火花塞位置：进气门侧
中等强度涡流
21%挤气面积
7mm凸台高度
1.35mm 集中的凸台
120 凸台角度
18.5mm 火花塞位置

功率82kW
最大转矩178N·m
1500r/min时转矩152N·m
油耗6.75L/100km
(仿真)

火花塞位置：排气门侧
中等强度涡流
21%挤气面积
11mm凸台高度
1.35mm 集中的凸台
160 凸台角度
20mm 火花塞位置

功率76kW
最大转矩176N·m
1500r/min时转矩158N·m
油耗6.75L/100km

中等强度涡流
14%挤气面积
无凸台高度
20mm 火花塞位置

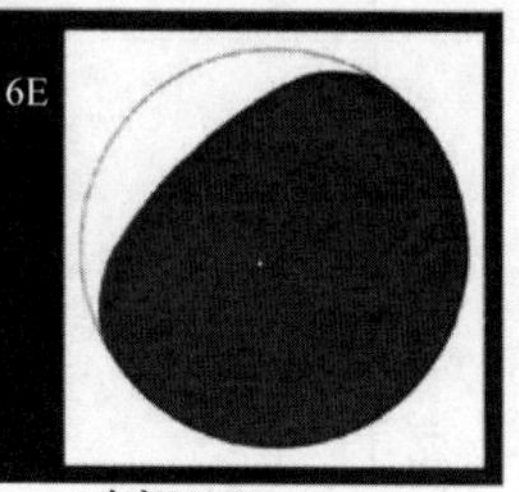

功率87kW
最大转矩183N·m
1500r/min时转矩160N·m
油耗7.0L/100km

图3-144 燃烧室预选作为精细优化的基础

表3-7 预选的燃烧室的比较

火花塞位置	燃烧室	1500r/min 时转矩/N·m	最大转矩/N·m	功率/kW	仿真油耗/(L/100km)
进气	5i	152	178	82	675
排气	1E	158	176	76	675
排气	6E	160	183	87	700

中等强度涡流
21%挤气面积
7mm凸台高度
1.35mm 集中的凸台
120°凸台角度
18.5mm 火花塞位置

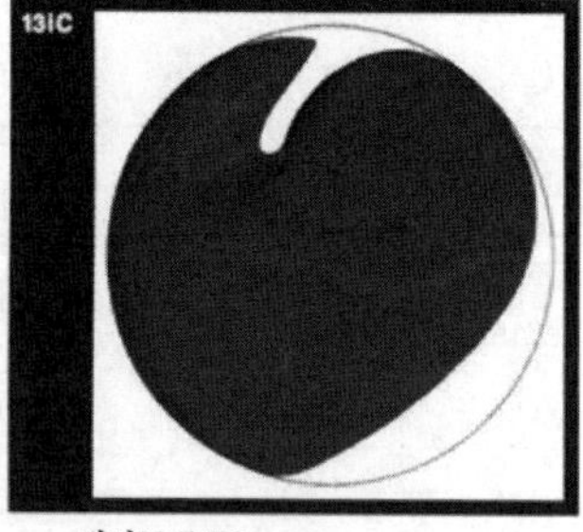

凸轮轴
232°/236°/25°

功率84kW
最大转矩181N·m
1500r/min时转矩155N·m
油耗6.8L/100km(仿真)

图3-145 带进气侧火花塞的定义的燃烧室

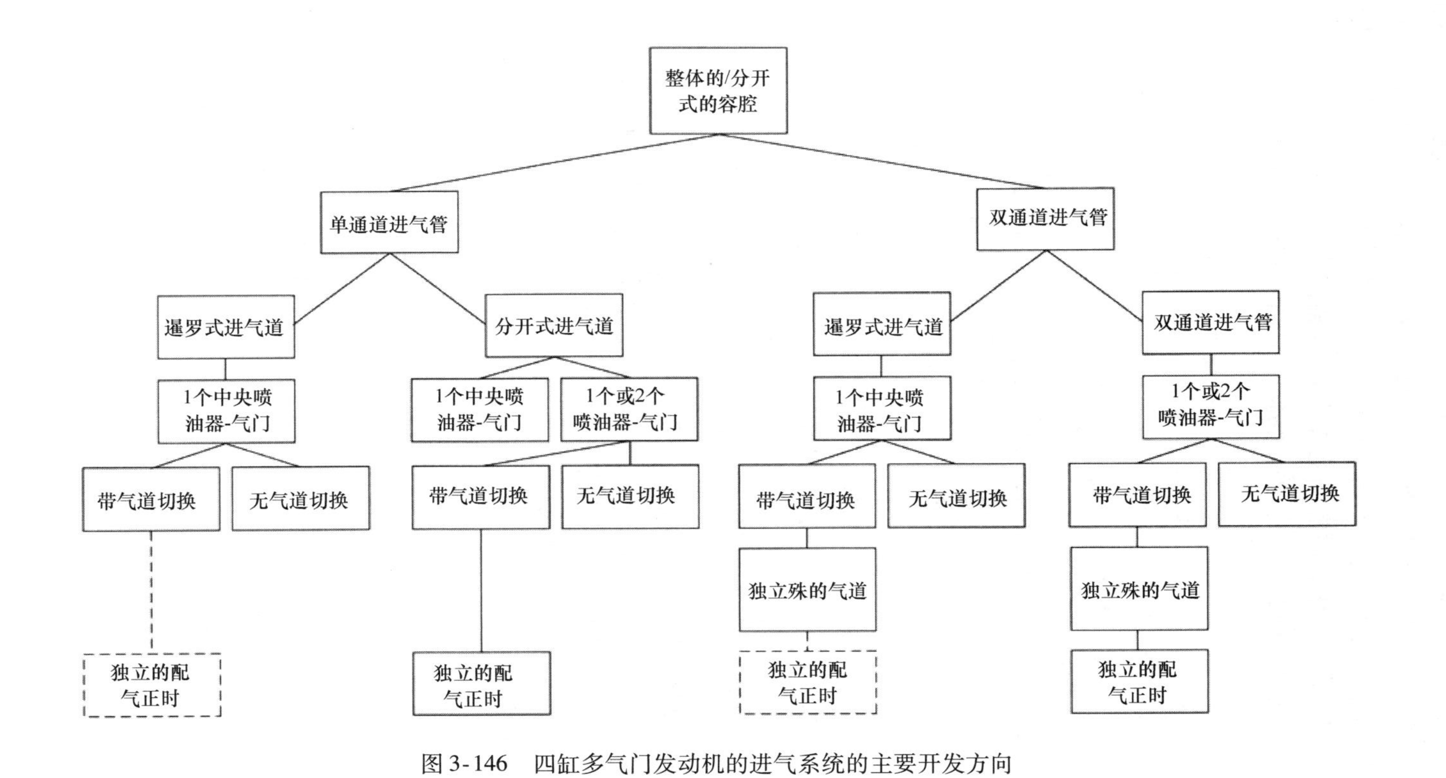

图 3-146　四缸多气门发动机的进气系统的主要开发方向

两个变型中还有一个小的节流阀，它可以关闭其中的一个气道。在低速时只有一个气道（主气道）在工作，由于相对较小的截面（与两个气道相比）而具有高的流速，这在低速时改善了气缸充气。此外，可以采用不同的长度和直径来优化进气管。在图 3-147 的研究中，试验了各式各样有相同直径的主气道长度。可以看到，采用更长的管道，特别是在中速或低速范围里转矩得到明显的提升。

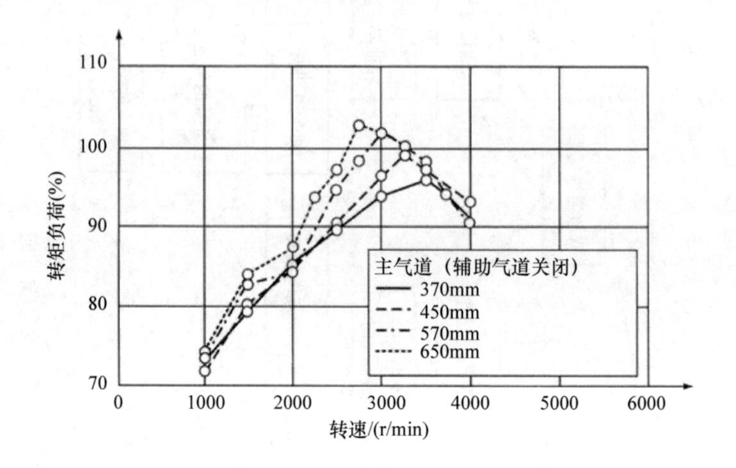

图 3-147　不同的主气道长度时的转矩负荷（$\varphi=32$mm）

也可以改变辅助气道的长度。图 3-148 显示了四个优化的例子，必须要精细地协调：应该在哪个转速段优化转矩，是在 4000～5000/min 范围或者也在 6000/min。

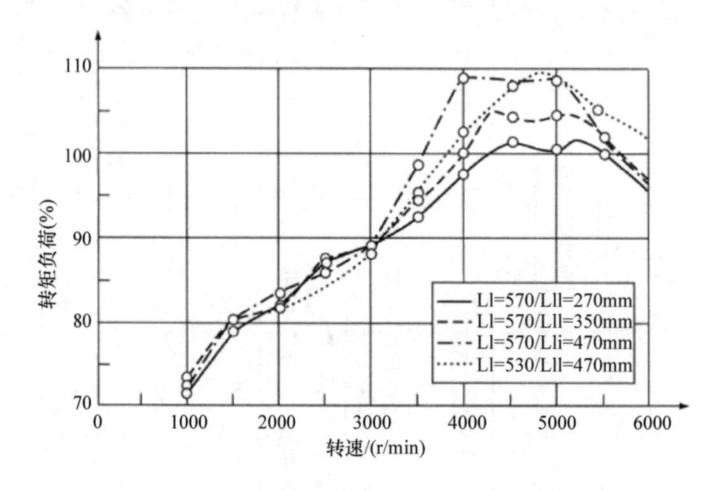

图 3-148　进气管长度优化对全负荷转矩的影响

对于在第 3 章 3. 3 节的图 3-108 中的变型来说，图 3-149 中显示了全负荷的参数。要看到，在全负荷时，带有分开式气道和在辅助气道中喷油器的变型的性能，比不带气道切换时要差。带气道切换的研究（图 3-150）很清楚地显示：带有分开式进气道的变型在辅助气道关闭，在低速和小负荷时达到了最低的燃油消耗。空气过量越多，就是说发动机越稀薄地运行（AFR = 16.5，相应地大约 15% 的空气过量），油耗的优势就会越明显。但是，在全负荷时气道切换也有优越性，如图 3-151所显示的那样。

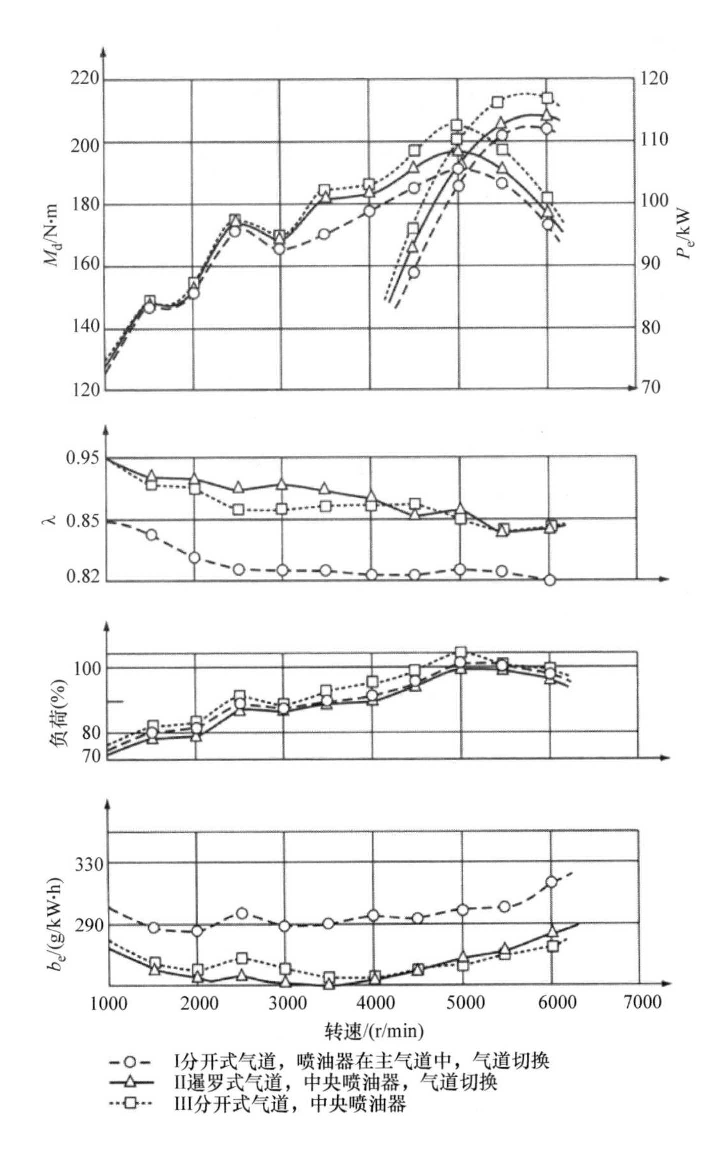

图 3-149　不同进气系统的全负荷特性值（不带气道切换）

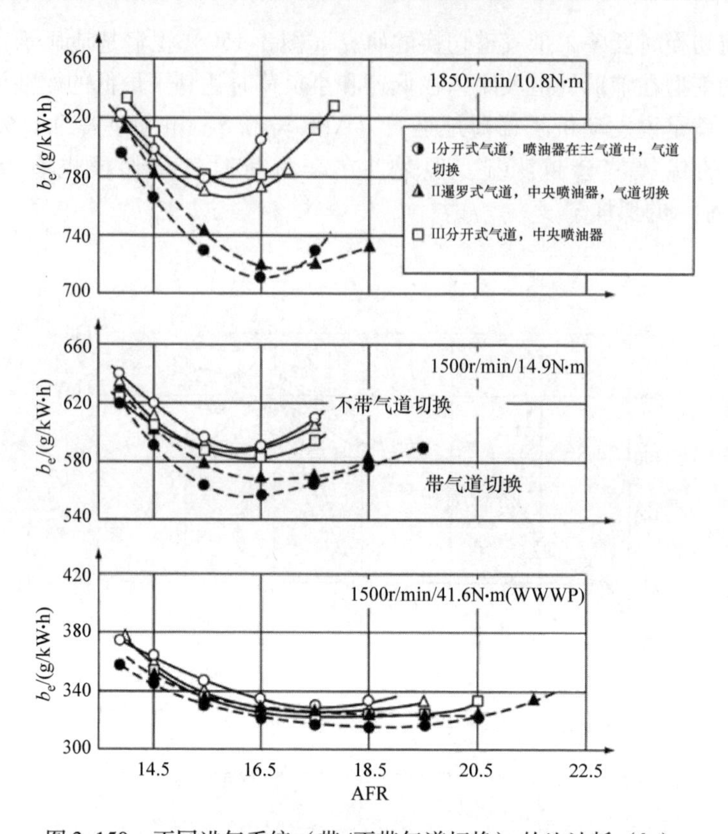

图 3-150　不同进气系统（带/不带气道切换）的比油耗（b_e）

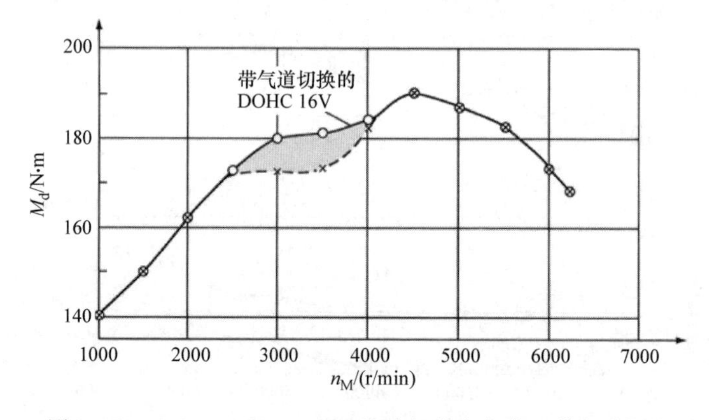

图 3-151　2.0L－DOHC－16V 发动机的全负荷（带气道切换）

3.4　项目确定

设计任务书中包含的所有参数在技术上应该是如此确定的，以使车辆满足所有所期望的设计目标。技术设计方案不仅仅是与规定相适应，还得在生产加工上是可以实现的。在设计任务书的开发期间，有必要为量产开发提供相应的证据。质量目标的证据主要借助于认证试验来进行（参见图1-6）。项目控制节点“项目确定和设计任务书签发”相应于发动机项目－控制节点<7>，以及在整车项目中的控制节点<H>（参见图2-2）。

直到Job1的开发步骤可以说明以发动机为例子的前期阶段；它对车辆的每个其他零部件也是适用的。

在设计任务书签发之前，必须再仔细地审查一次投资成本。此外，项目运行过程和产品自身不应离开人们的视线。计算出来的支出费用不仅与样件的制造有关，而且还包含了机加工设备、车间和装备的投资。对发动机的生产加工来说，费用总计大约为每件1500马克。

在批准设计任务书的设定目标和成本方面之后，项目也就确定下来了。对发动机开发设计而言，要区别地关注三个因素：发动机的规格，成用和计划进度（图3-152）。例如，它使发动机功率数据、安装空间和重量与规定值联系在一起而切合实际地去定义。确定整车重量为850kg而不关注发动机的重量是不够的。成本和计划进度情况也是一样的。

针对一台2.0L－汽油机，在第3章3.2节中的表3-4简要地显示了质量、成本和计划进度等三个因素的目标设定。

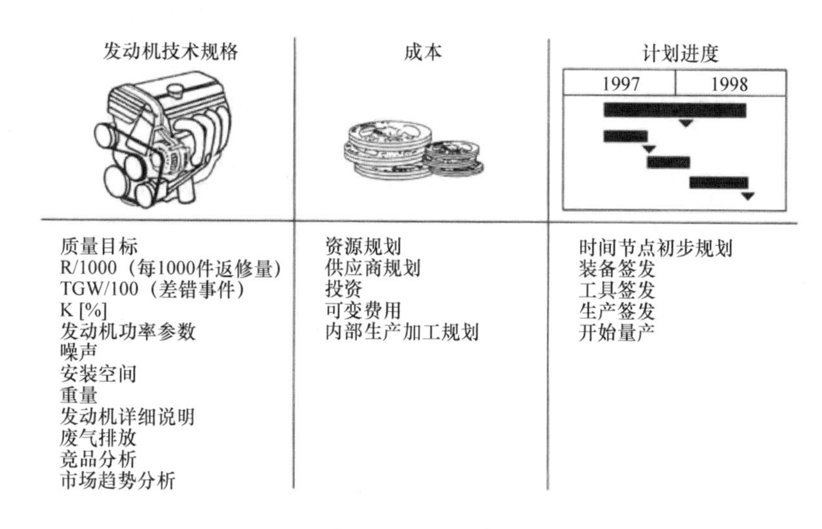

图3-152　项目确定

第4章 量产开发

“项目管理的方法和过程非常适合解决复杂的任务，因为项目管理的强大能力体现在向产品和目标取向的方法中，这就要求必须进行系统性思考和跨学科合作。”

B. J. Madauss

项目管理手册（1994）

基于产品前期开发，在设计任务书最终确定后，就应开始量产开发。诸如量产开发的功能（质量）、成本、投资和时间规划等所有目标，在最终的设计任务书中应该确定下来，在整车项目－控制节点 < H > 以及在发动机项目－控制节点 < 7 > 签发（参见图2-2）。签发又特别涉及购置生产加工设备（内部或外部的）所要完成的投资。

量产开发使得从产品前期开发已经成立的项目团队不断扩大。参与前期开发（研发和生产加工）的一些团队成员又回到了他们的“老本行”，负责另一个新的项目。留在团队的成员则一直陪伴着这个项目直至开始生产，以保证所有来自于前期开发的信息、知识和经验，也能在量产开发中有所应用。与此同时，从量产开发的不同部门招来的新成员也会给他们一定的支持。

项目管理对富有成效地实施量产开发的意义不言而喻，对此，下面我们将做进一步阐述。

4.1 对同步开发流程和生产加工流程的管理

作为一个项目往往会定义独一无二的规划，这些规划在操作上和时间上都是有期限的，通过一个高度复杂性体现出来，即也许仅凭一个部门之力难以独立完成。因此制定一份详细的需求目录显得十分重要。

除了需求目录之外，制定一份精确的时间规划具有决定性的意义。例如，必须要确定生产加工中的流水线所需的提前时间，对此，部分交货期大约提前一年就要定下来。同样起决定性作用的是精确定义的投资费用。必要的资金不仅仅是指必须在适当的时间点可供使用，而且必须按所需的金额事先就要规划和准备好支出。

为了缩短流程和避免缺陷，同步开发流程意义非同小可。但这种方法至今并没有很好地实施。首先，它疏忽了开发与生产加工之间的必要的交流。由开发带来的、已经准备好的设计方案，经常会由于明显更多的财力支出和时间耗费而无法实施。

跨部门的、与各个部门的并行活动有明确目标的合作，在同步工程（SE）这个概念下进行了概括。同步工程也意味着，适时地评估所发生的开发费用，以及通过合适的其他替代方案降低开发费用。在这种情况下，一个产品的开发并不是随着开始批量生产而结束，而是包含了对产品监控和进一步开发，直到其寿命终止。

有时间上限制的同步工程团队独立运作并与顾客紧密联系。它从一开始就让系统供应商进入到团队的工作中，只有这样才能缩短开发时间、降低成本并且提高质量。

必须控制和协调项目。下面将介绍项目管理中三种最主要的形式。项目协调的一种形式是项目主管配置一名工作人员，项目主管可以根据需要调用不同部门的员工（图4-1）。这些人并不是他的从属，而是将情况报告给各自的部门。这种项目协调方式适用于简单而短期的更小的项目。

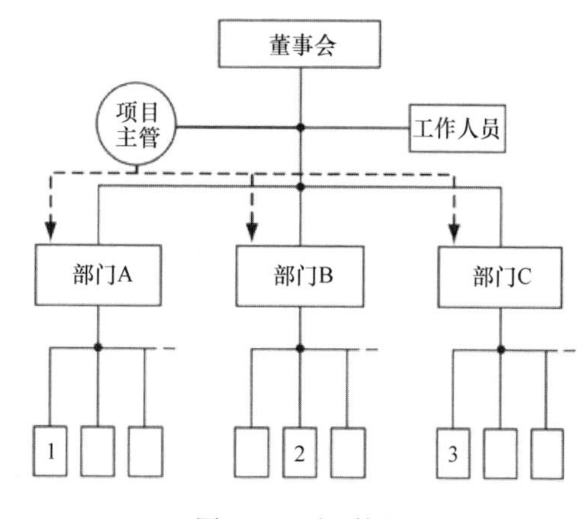

图4-1 项目协调

最为常见的组织结构是矩阵－项目组织（图4-2）。这个组织形式的理念在于所有对一个项目负责的员工既可以将情况报告给自己的部门主管（部门A、B或C），也可以报告给项目主管。矩阵式的结构意味着对当今还非常习惯的、严格调控的“上－下级组织形式”而言无疑是一个巨大的转折。只有员工和部门主管一起经历某个学习阶段后，这种形式优点才能全面展现出来。

涉及跨学科任务内容的非常复杂的项目，则应采用另一种组织形式，即独立的项目组织（图4-3）。与前两种组织结构本质上最大的不同就是，项目主管领导一个团队工作，由团队在项目进行期间专门来负责完成整个项目的任务，而不是像项目协调或矩阵式组织那样只是部分或短期地参与。这种组织形式下，团队员工完全由项目主管调配，从现存的企业结构中脱离出来。

如果确定这种组织形式，一方面可以更合理地拟定任务范围，另一方面也可以建立起项目参与者之间的交流，为5个W［was（什么）、wann（什么时候）、wer（谁）、wie（怎样）、wo（哪里）］的实施给出精确的职权：如项目主管应该决定，什么时候应该做什么；部门确定，谁在哪个地方以何种方式完成既定的任务。所有领域间参与讨论，使得所有参与项目的成员已经能够且必须相互交流（图4-4）。

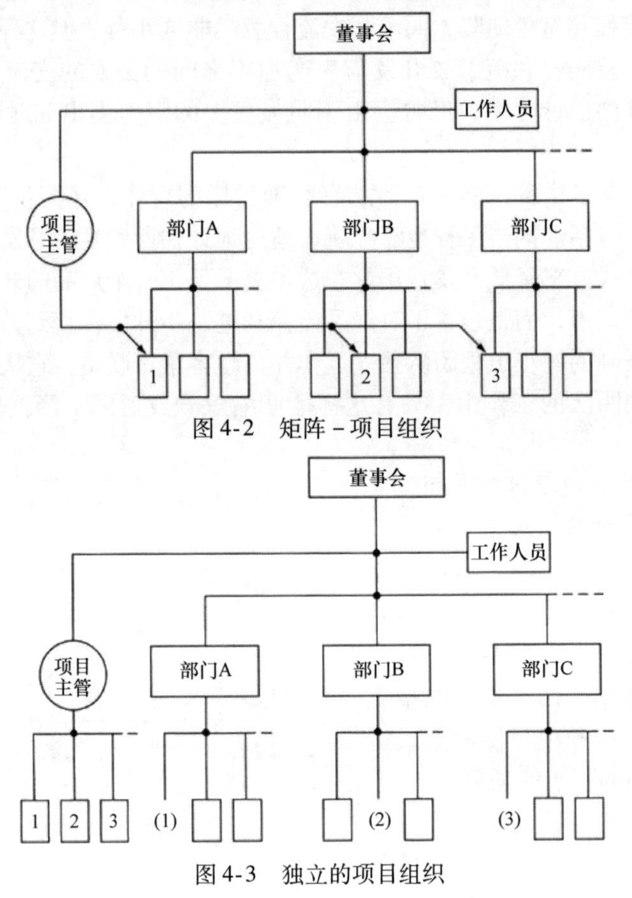

图4-2　矩阵-项目组织

图4-3　独立的项目组织

为了一个项目而组合的团队是按确定的结构安排的，图4-5显示了一个团队结构的组织结构。董事会之下就是所谓的项目控制-团队（PST），这个团队确定整车的目标和任务。再下一层面是负责某个系统的项目模块-团队（PMT），如附件开发或车身的开发。PMT又得到项目模块-子团队（PMST）的支持。除了这些团队外，根据必要性还可以让项目执行-团队（PAT）参与，来自专业领域的PAT可以处理特殊的任务。

图4-5中的举例进一步阐述这个整体结构。对于一款车型，在整车主任领导下建立项目控制团队（PST）。在附件方面，针对相应的发动机谱簇构建一个项目模块-团队（PMT），PMT直接向上一层面的整车-PST报告。发动机-PMT获得PMST的支持，如这个例子所示，PMST专门处理排放、动力性、油耗或噪声等问题。来自专业领域的项目执行团队（PAT）为整车开发的团队提供支持，如图4-5中的VCT PAT（可变凸轮轴正时）和声学PAT所承担的任务。

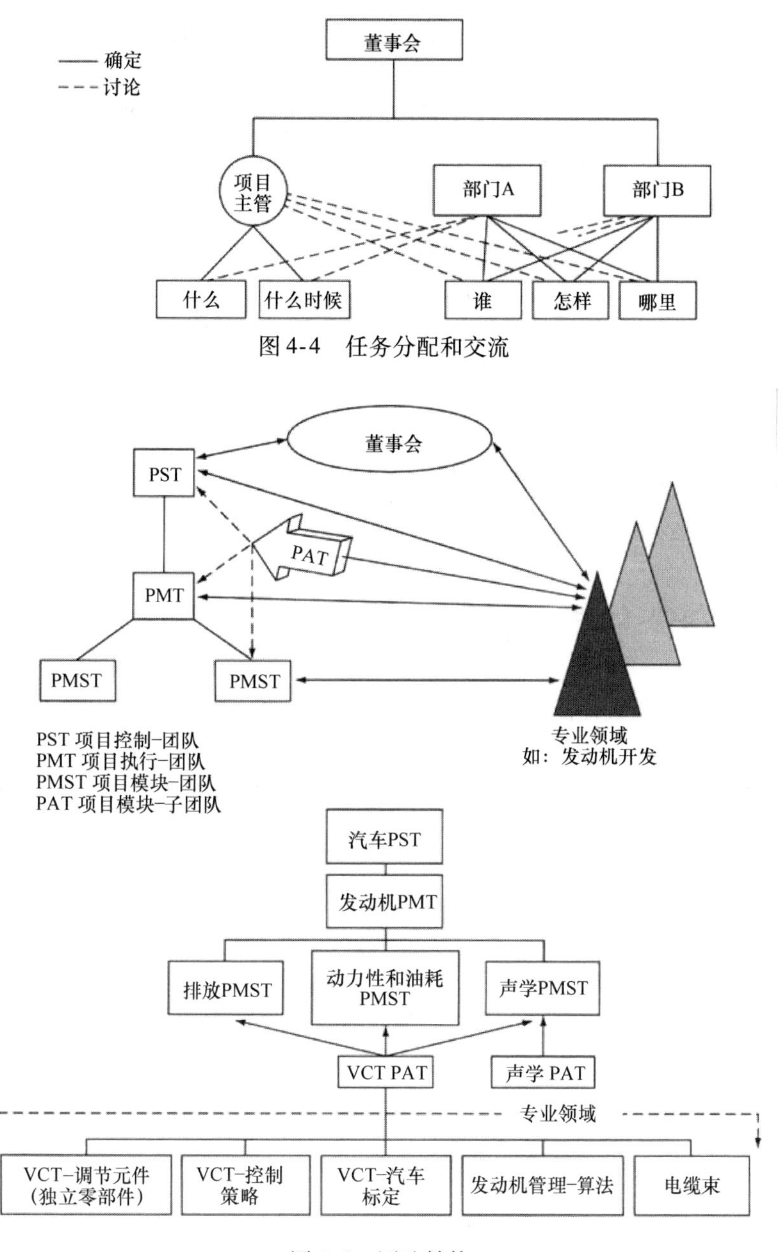

图 4-4 任务分配和交流

图 4-5 团队结构

图 4-6 显示了声学领域的项目执行团队，根据法规如何应对通过噪声为 74dB（A）限值的工作。现在，声学 PAT 团队的任务是确定采用何种措施，针对所要求的任务给出最合适的解决方案。在这种情况下，对发动机而言，其措施涉及解耦的气门盖和曲轴轴承加固带与发动机控制仪相匹配的校准。这样就可以将 4000r/min 全负荷时发动机噪声水平降至 89dB（A）。除了发动机的措施外，在整车方面，将

消声器的容积扩大到12L或加上一层底板保护壳。另外，如果与变速器总传动比相匹配的话，还可能进一步改善声学性能。

在PAT，现在要决定这些措施中的哪些，或不同措施的哪些组合，能满足规定的限值，整车PST将获得这些建议。

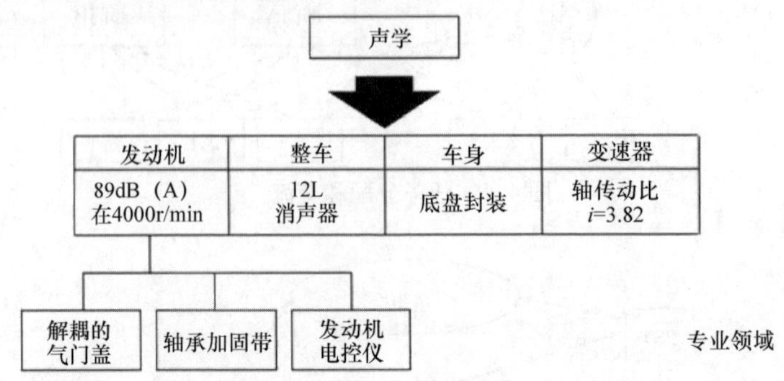

图4-6　通过噪声为74dB（A）的声学-PAT的任务（例子）

4.2　结构设计分析、验证流程和签发

结构设计分析和验证流程的最终目的是生产签发。这个过程本质上也是同步开发和生产加工过程的一个组成部分。它包括借助于结构设计-FMEA的结构设计流程的批判性考虑，以及依据流程-FMEA的生产加工流程（图4-7）。分析结果一般是结构设计更改以及流程更改，或者是进行专门的计算和测试来验证零部件的疲劳强度和自身的生产加工流程（验证）。

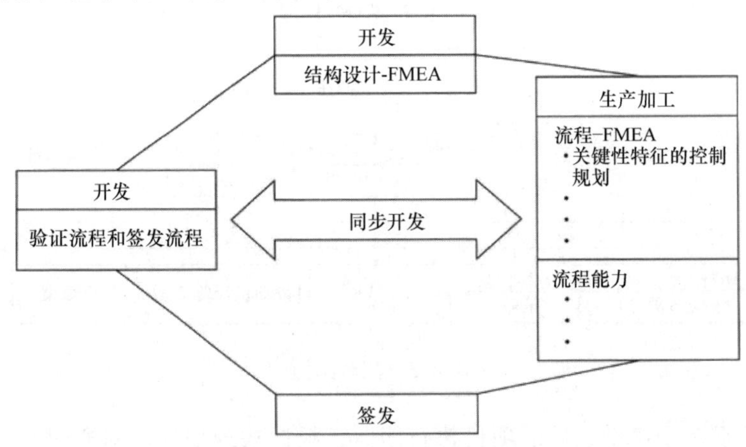

图4-7　结构设计分析和验证流程

验证部分的基础是借助于结构设计-FMEA对结构设计进行系统性的观察，下面以可变凸轮轴调节机构（VCT-系统）为例来进行说明。图4-8给出了一张用于这种研究的工作表。

页 ______ 共 ______

T-凸轮轴调节器	涉及的工厂和供应商	系统供应商二级供应商	完成者
由发动机开发	车型/年份/型号	MY97 CDW27/CT120	FEMA-日期（原始）01.92 （更改）04.94
、EEO、P&E	结构设计-签发-日期	1996	

缺陷的可能的结果	重要性 6a	▼	缺陷的可能的成因 4	发生 6b	结构设计确认 5	发现 6c	RPZ	建议的消除措施	负责领域/工程师+时间节点 7	实施的措施 8	重要性	发生	发现	RPZ
过排放限值	9		VCT-径向轴承卡死	8	轴承间隙计算，新的匹配设计	3	216	极端运行条件下的优化的最小间隙	系统供应商	增大了的轴承间隙	1	9	2	18
D-II-诊断系示这个缺陷			弧齿锥齿轮磨损	2	用定义的啮合质量进行磨损试验	2	36	啮合质量的优化	系统供应商	减小了的齿形间隙				
的操控性变差			所有机油油孔错误的截面	2	用于验证的试验程序	1	18	孔的横截面的优化的仿真程序	福特	流动优化了的机油孔				
必须寻找工解决			外面的颗粒进入发动机机油中	5	福特-油泥/污染试验	5	225	降低外部颗粒敏感性的公差的优化	福特	针对指定的机油更换间隔的机油污染度的技术规范				
			在凸轮轴调节器中的机油与空气混合	5	空气发泡试验	5	225	发动机润滑油回路的优化	福特					
								通过试验验证：在极端条件下调整时间测量： • 高的发动机机油温度 • 老化的机油 • 降低油压 • 公差最小化	福特	要求：在机油中的空气比例<1%				

下一层面系统/名称	VC
结构设计-负责	基础
其他涉及的领域	PTE

部件-名称-编号 / 部件功能 1	可能的缺陷 2	3
VCT-凸轮轴调节器单元		超过 OBI统显特性 车辆得更
调节速度100°CA/s	低的调节速度<100°CA/s	顾客厂解

图4-8 结构设计 – FMEA

对结构设计进行缺陷可能性-影响分析，可以分析所有所研究的部分系统，或整个系统可以想象的和可能的损失。它从系统中各功能开始，并研究当时的状态。结构设计-FEMA 不仅对结构设计，而且对试验技术性的改善措施进行评估和跟踪。有一个团队专门承担 FMEA 的工作，且在整个开发流程中持续地实施。

图4-8 的表头部分列举了主要数据信息。需要研究的部分连同各自的分组给出定义。同样也必须给出与其他部分、系统和 FMEA 的接口。图表的第一列描述的是要研究的零部件（组件、系统）和在整车上的各自的功能。第二列（2）显示的是所有可以想象到的缺陷，还包括一些只在某些完全特定的边界条件下才会出现的薄弱环节，这些缺陷都应该通过物理学的表达来描述，而不是用客户经历的缺陷的后果来描述。

第三列（3）表征了这些缺陷可能的后果，也就是确定这些缺陷如何影响产品或系统。最为关键的是顾客及使用者是以何种方式感受这些缺陷的结果的。第四列（4）列举了所描述的可能的缺陷中，导致缺陷的可以想象到的原因。

第五列（5）“结构设计确认”显示的是如何认识及避免这些缺陷和缺陷成因的所有措施，包括功能试验、耐久试验、模拟计算和验证程序。

第6a 列，用1-10 个数字评出了各种缺陷的重要程度，对顾客的影响是最为重要的。数字按下列分级：

几乎察觉不到的缺陷	=1
对顾客造成很小影响的不重要的缺陷	=2~3
较严重的缺陷	=4~6
严重的缺陷（如发动机不再运行），引起顾客愤怒	=7~8
最为严重的缺陷/影响安全性（如制动装置失效）	=9~10

根据一张确定的框图评价了各种缺陷出现的概率大小（第6b 列）。

概率评价指数

不太可能出现的缺陷	0~1/20000	1
极少：结构设计基本符合早期的尝试性设计	1/20000~1/2000	2~3
一般：结构设计基本符合早期的设计，偶尔会出现缺陷	1/2000~1/200	4~6
经常性：结构设计基本符合早期的设计，经常出现缺陷	1/200~1/20	7~8
极多：几乎肯定会大规模出现的缺陷	1/20~1/2	9~10

在另外一列（6c）计算了通过结构设计确认发现缺陷的可能性的大小。数字1-10 按下列分级：

极高	1~2
高	3~4
一般	5~6
低	7~8
非常低	9
肯定，根本不会发现缺陷（通过规划的试验或没有试验程序）	10

再下面一个工作表的表格列是风险-优先数（RPZ）。它是由第6a列“重要性”、第6b列“发生”和第6c列“发现”相乘得出的，借此就可以用统一的测量数据，来相互比较不同的缺陷出现的可能性大小，这可以作为整个风险的尺度。RPZ愈大，就愈有必要优先采取结构设计的或研究/试验技术的措施来减小相应的风险。第7列推荐了这些可采取的措施。除了结构设计的预防措施外，比如通过更改方案也可以减少缺陷严重的程度。通过进一步的测试或特殊的试验，也可提高发现缺陷的可能性。

根据相应的责任分配，接下来的第8列描述了实际上所采取的措施。根据风险-优先数大小，比如在图4-8中显示的扩大轴承间隙、优化机油孔中的流动，以及制定机油污染和机油更换间隔的技术规范。另外，要求机油中空气的含量应<1%。

相应于结构设计-FMEA，可以在适当的情况下进行结构设计更改，并且实施验证流程和签发流程。这对零部件、子系统、系统以及整台发动机和整车都适用。了解子系统间的相互作用是十分重要的，独立地实施签发流程是不够的。这样顾客买到的不是优化过的零部件，而是经过优化的整个系统。

图4-9给出了验证流程和签发流程的表格。在表头部分显示应该签发哪些系统（在这种情况下是发动机系统）。边上就是子系统的变型和编号，其后隐去了VCT-系统的组合。再后面是记录更改的变型、车型生产年份、参与的工程师和每个批准步骤。在验证框架内必须满足怎样的要求，也应以表格的形式记录下来。根据对试件基于FEMA试验结果的评估，可给出对风险的评估，在风险评估结果积极的情况下可以签发。

作为一个例子，图4-9显示了按确定的规范进行耐久性台架试验，即180h高速循环（借助于相应的高载荷次数的耐久性检验）必须有效地进行。系统以及所有单个零部件的磨损应在技术规范之内。公差也应事先准确地确定。应完成的报告中也应包括对机油供应接头和液压阀的功能检验。

报告书中应包含试验结果，由此表明VCT-系统的所有基本功能是否已经达到，发动机是否已经通过试验。在这个研究实例中，在密封盖上发生了轻微的漏油现象，从而导致对高质量密封材料的需求。

对于签发而言，还应进行残余风险评估，对涉及当前的状态和到投产开始时可能会出现的风险进行研究。在这个实例中要求进行3次“180h运行”试验。从图4-9的表格中可见到达所描述的时间节点，满足了要求的33.3%（一项试验）。由于第一个试验结果不错，可认为当前的风险很小。同时，也应在生产开始前有效地进行还没有完成的试验；这样就可以确保不留下风险了。只有通过所有所要求的试验后，才能批准投产。

结构设计-验证规划和签发报告页		第1页	日期： 制定：	项目： 车型年份：季度：2
系统：3 发动机系统	组合/VCT系统 变型：S4P07P	DVP 编号： P-97.03.09.01-01	工程师：	批准：
子系统：09.01	零部件/凸轮轴调节器	单元最新开发情况：	邮政编码： 电话：	S4P日期： 开始生产：

编号	试验名称	系统要求	试验结果	开发情况	提供的	试验的	规划的	实施	附注	风险 目前的	风险 期待的	试验类型
标题：10 耐久性台架试验/法规：03.00.26.03												
10	180h“高转速”循环	有效地进行试验技术规范范围内的VCT-系统和各元件的磨损 机油供应接头和液压阀（技术规范：机油-容积流量曲线）的功能试验→研究报告	28N 4532 带50°CA的VCT调节元件： 试验结束； 所有VCT系统的基本功能合格； 给出详细的试验-/研究报告 针对特殊试验重新构建发动机	系列0	3	1	/	33.3	VCT-要求的特征：切换频率按定义规定的检验 测量参数：系统响应时间/切换精度/调节时机油压力变化	风险小	无	试验台架

图 4-9　验证和签发流程

4.2.1 价值取向的结构设计分析

在量产开发中，生产流程应专门针对详细的结构设计量身定制。正如前一章3.3节中所描述的，为了这个目的，应该不断地研究零部件生产加工和子系统生产加工的技术上的可实施性和优化。这里，最重要的目标是在保证质量目标的情况下进行高效率的生产加工，也就是确保所有零部件单独运行，以及组装在系统中后的功能。

通过价值取向的结构设计分析方法，可以为这个优化流程提供权威性的支持。价值定义为必须可靠地完成任何一种产品或方法，以便于实现功能，并以最可能低的成本生产及提供给顾客。价值取向的结构设计分析基于对零部件、子系统或整个系统功能的了解。比如说凸轮轴是零部件，所属的子系统是配气机构，配气机构又出现在发动机这个总系统中。需要实现的功能是由针对质量目标的定义来确定的，并在方案选择时作为最重要的选择准则之一。

值得注意的是，功能必须从顾客的视角出发，因此，他们必须作为向顾客提供产品（这里指的是整车）的总功能中的一个组成部分。在极端情况下，这意味着一个零部件以及一个能显示一个功能的结构设计零件，如果不能支持整车的总功能的话，就可以取消。如果其他零部件或系统能承担这些任务，或者可以通过集成使功能变得多余时，就是这种情况。因此，涉及单个元件功能以及系统功能的实施，一个持续的和有目标的结构设计和生产加工方法的改善，不仅在新的结构设计时，而且也在已经生产的产品对价值的优化也是必不可少的。

新的生产加工方法可以精简生产加工步骤，此外还可以优化功能。比如“需制造的凸轮轴”，在凸轮轴上，单独的、已预加工的凸轮压铸在钢管上（图4-10）。钢制凸轮通常在装配后必须达到最终的尺寸，通过精磨确保表面质量。为了达到所期望的气门开启时间，这个凸轮尤其是在滚轮摇臂-配气机构的凸轮轴上，应进行凹状打磨（凹状半径<80mm）。基于如此之小的半径，这里只能采用小直径砂轮

图4-10 需制造的凸轮轴

或代用的带状磨削的方法。这两种方法比传统的、凸状的凸轮轴外形的磨削过程显示出更高的加工成本。但如果凸轮采用烧结法生产，磨削方法则可以完全废弃。这里，由于凸轮自身的表面质量和精度，还有由于凸轮和钢轴装配时的精度原因，接下来的磨削过程则显得并不重要了。

为了在产品前期开发时的方案选择，除了第3章3.1节所介绍的方法外，还可以采用这种价值取向的结构设计方法。采用公式：

$$F = RG \times LB$$

产品功能函数 F 是功能的相对权重 RG 与各个规则的能力评估性 LB 的乘积。

借助于图4-11来描述流程的实施。首先，所有参与流程实施的团队成员收集必要的信息，如与项目相关的数据（质量目标、时间规划等）、功能描述、结构设计数据，如零件图、分解图或装配图、材料技术规范，以及重要的尺寸/公差。同样，所有与生产加工流程相关的信息，如有关供应商毛坯制造，以及来自统计学的流程控制数据都必须要获取。另外，还要考虑不断增加的材料费、人工费和投资费。鉴于所需数据的多样性，正如已知的，对于价值取向的结构设计分析的流程，必须由来自不同部门的员工合作完成。新的团队成员包括项目管理人员、结构设计师、采购员和供应商代表，这样一来，结构设计、生产加工和财务部门都处于同样重要位置上。应使用一个经过培训的主持人，由他与来自项目管理的代表一起有针对性地执行此过程，这种结构设计分析研讨会的创立，往往是由负责某个零部件或系统的开发工程师发起的。

在信息收集之后，团队开始分析产品和流程的功能。如果确定要执行哪个功能，则必须尽可能详细地描述这些功能。其中并不包括如何执行这些功能。

例如，下面为凸轮轴的功能描述：

- 车辆的加速性能和最高车速取决于：凸轮轴驱动挺柱或摇臂，挺柱或摇臂使气门按时打开和关闭，保证发动机每循环能吸入适量的空气，产生所需的转矩和功率；
- 耐久性和可靠性意味着：凸轮轴在超出发动机寿命之外是否还能可靠运行；
- 考虑到维修友好性和低的维修成本，在理想情况下，可以在零部件的整个使用寿命内完全替代维护（例如，液压阀间隙补偿），或者在必要时进行维护或服务，既简单又便宜；
- 低的机械噪声；
- 尽可能低的生产费用：最低的毛坯费用、生产加工费用、装配费用和其他间接成本。

如齿轮和紧固件一样，构建的凸轮轴都属于系统边界，凸轮轴可拆分成子系统和零部件。下面将关注凸轮轴前端法兰和凸轮轴推力轴承上的挡圈。

在功能描述中的下一步为带有创造性的改进，即意味着在团队中进行“头脑风暴”。对此，首先收集所有可想到的关于详细的结构设计和生产加工流程的解决方案，而暂时不考虑其可行性。通常，团队成员已经对可供选择的结构设计建议或生产

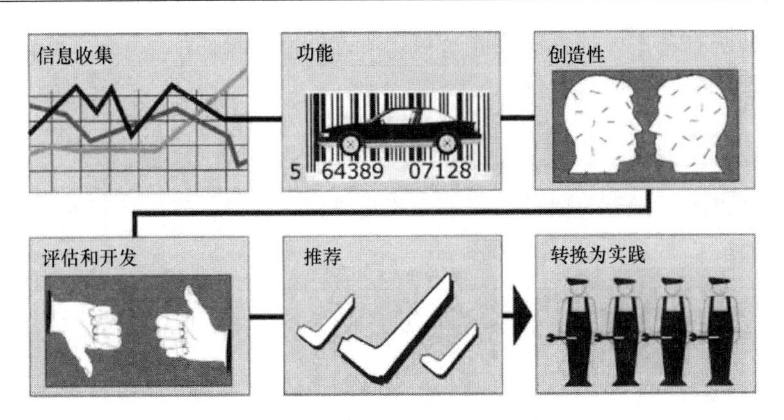

图4-11 功能分析的流程概貌

加工方法进行过研究和准备。图4-12给出了对凸轮轴前端法兰一个可供选择的方案的建议。优化的方案就是将原来分开的链轮法兰和压力环带组合到一个烧结的部件中。在相同的重量下成本降低了0.28马克。图4-12中列出了此种设计的优缺点。

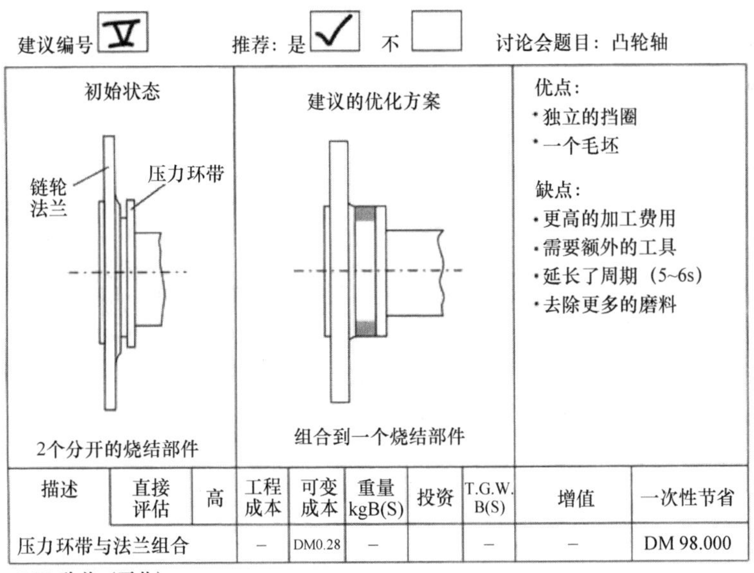

描述	直接评估	高	工程成本	可变成本	重量 kgB(S)	投资	T.G.W. B(S)	增值	一次性节省
压力环带与法兰组合			–	DM0.28	–		–	–	DM 98.000

图4-12 价值取向的结构设计分析

紧接着团队成员进行预选，排除所有时间上不现实、不成熟的，或不能实施的建议，对所选择的建议的评估以一个矩阵的形式罗列出来。图4-13给出了5种可供选择的方案，每种方案根据诸如重量、生产加工友好性、NVH（噪声、振动、舒适性）等不同的规范用1－10分来评定。其中1代表最差，10代表最好。此外，根据其总效能的相对重要程度，每个规范还给出了相对权重值（RG，第一列），以此作为选择要优化的结构设计，以及要优化的生产加工流程的基础。在基础的评估中，每个规范均为5分（最后一列）。将LB乘以RG就可以获得效能F。加权的

总效能 A 是所有各个效能之和，在这里：$A=285$ 是基础值。总效能 A 与单件成本 B 之比就是价值，这里 $A/B=6.13$。

讨论会题目：　一款柴油机用凸轮轴

相对权重值RG	选择规范	可供选择方案：I LB/F	II LB/F	III LB/F	IV LB/F	V LB/F	基础 LB/F
7	重量	8/56	5/35	8/56	8/56	5/35	5/35
5	生产加工友好性	4/20	6/30	3/15	5/25	5/25	5/25
8	NVH	5/40	5/40	3/24	5/40	5/40	5/40
10	寿命	6/60	5/50	4/40	5/50	5/50	5/50
8	可实施性	5/10	5/40	5/40	5/40	5/40	5/40
2	量产化友好性	5/10	5/10	2/4	5/10	5/10	5/10
5	复杂性	5/25	5/25	6/30	5/25	6/30	5/25
5	可装配性	7/35	6/30	4/20	5/25	7/35	5/25
2	环保	5/10	5/10	5/10	5/10	5/10	5/10
5	发动机装配	5/25	5/25	5/25	5/25	5/25	5/25
	置信水平	M	H	T	H	H	
	节省投资	–	–	1.7	–	–	
加重的总效能	A	321	295	264	306	300	285
每件成本[DM]	B	46.37	46.35	42.85	46.17	46.25	46.53
价值A/B		6.92	6.36	6.16	6.63	6.49	6.13
减轻重量[g]		210	–	200	200	–	–

RG相对权重 F=RGxLB
LB 能力评估
F效能

图 4-13　价值取向的结构设计分析的决策矩阵

接下来对所有 5 种可供选择方案基于效能、成本和价值进行比较。这里给出了导致不同结论的不同的原因。在成本比较时，发现方案 III 肯定是最好的，效能的实现较之基础方案而言明显要低许多。就效能而言，应优先考虑超出基本点数 36 点的方案 I。根据价值检测，得出方案 I 具有最高价值（6.92），因此，可以推荐作为实用。相对于基础方案而言，方案 I 将效能提升了 13%，成本减少 0.16 马克和重量减轻 210g。

按照团队成员的推荐，制定方案实施阶段的规划。为了导入到实践中，团队要根据各自的职责分配来编制时间、工作和资源规划。

4.2.2　通过零部件、系统和整车试验进行验证

验证测试是从汽车－子系统开始的，如发动机。它是顺利通过发动机－项目控制节点 <6>“分析性的结构设计和分析性的生产加工流程开发结束，所有结构设计数据确定”之后开始的（图 2-2）。

这种试验构架是模块化的。也就意味着，如还要说明的，应将零部件试验、系统试验（如配气机构和曲柄连杆机构）、发动机试验、动力总成（发动机与变速器连接）试验和整车试验区别对待。

除了分析性结构设计详细验证外，验证试验还用于检验在运行状态，以及边界条件（再现一个特殊的负载）下，还包括借助于计算机模型目前还不能精确模拟的独特的功能。

这里，验证试验的开发是尤为重要的。在实际上出现的任何边界条件下，都必须经得起顾客对产品耐久性的评论。也就是说，应有目的地研究极端的负载状态，如频繁的冷起动、与相应的频繁温度交变相联系的、作用在各个零部件和子系统上的与负载相关的状态。当只有通过对原因的调查研究（如显著的磨损机理），以及可以收集和定义对应的参数（扰动量）时，这种研究才有可能。试验有目的地“测试”确定的扰动量，以便于给出关于各系统或零部件鲁棒性的结果，一种试验有意义的开发才有可能。

验证试验不仅适用于硬件的验证，也同样适用于软件的验证。因此，尤其是在带冷起动和热起动装置的高动态试验台架上，可进行标定（发动机控制的标定）的验证和优化。为了模拟在整车上稳态的和瞬态的发动机运行工况，这些试验通常是与动力总成（发动机和变速器）一起进行的。这意味着，在传动系还未装入车辆之前，已经可以为瞬态工况和在极端的边界条件，如 –40°C 冷起动进行标定，并给硬件的验证测试提供支持。

下面介绍了典型的台架试验和整车试验的开发、准备和实施。

4.2.2.1　样机制造和试验准备

尽管可以借助于计算机仿真以及相应的分析性建模进行预算，样机制造和采用专门的试验装置进行试验，始终具有相当重要的意义。为开发一个新产品，如前面所述，在前期开发阶段制造和试验第一代样机（零批量生产）。随后的量产开发中，就是实施所谓的样机确定过程（量产 CP，比较表 4-1 中阶段Ⅰ–Ⅲ）。

表 4-1　发动机验证 – 样机 – 制造阶段的定义

阶段Ⅰ	阶段Ⅱ	阶段Ⅲ
应用自由形式 – 工厂制造方法的接近生产设计（3D – 实体模型）的样机 – 硬件 描述 • 相应于生产标准（不需要接近生产的流程）的功能 • 按照图纸的重要的外形尺寸 • 接受偏离生产的返修标准（焊接，多孔性）	为了赢得产品和流程的置信度，应用接近生产加工的方法 描述 • 满足所有与顾客至关重要的特征 • 采用接近生产的生产加工方法制造 • 接受节点和交接速度与量产生产加工一样 • 必须遵循生产返修标准 • 零部件不能用来自于生产的工具和机加工设备加工	尤其是用于整车 – 验证试验的样机 – 硬件通过接近生产的生产加工方法制造（见阶段Ⅱ） 描述 • 如阶段Ⅱ • 所有发动机安装件必须都是可提供的 • 所有安装到整车上的接口 – 元件都必须已存在

应该在短时间内可提供数量不多的零量产发动机样机。借助于所选择的样件-成形流程和加工流程一起评估新的工艺。零量产样件给结构设计阶段提供支持，因为在该阶段，在如今的技术状态下仅有 CAE 是不足以保证的，比如说保证确定的燃烧方式对燃烧效率或排放得出正确的结论。样机还可以在最好的目标妥协讨论（如性价比）时有所帮助。例如，直喷式汽油机，这里借助于零量产样机可以精确地确定燃烧过程，可以评估改进燃料消耗和原始排放的潜能。

在确认以及验证阶段，为了优化购置时间和试验时间，会用不同的制造方式（不同的制造时间），根据各自的图样来制造加工样机。第一代样机（阶段Ⅰ）在 3D-实体建模和 CAM 的基础上，在采用自由形式-工厂制造方法（快速成形）下，伴随着接近生产的“设计”而诞生。

下一代样机（阶段Ⅱ）是基于接近实际生产的生产加工方法的。第三代和最后阶段则需所有发动机零部件，以及所有将发动机安装到整车（接合零部件，如发动机悬挂）上的零部件，用能代表生产的生产加工方法制造出来。因为阶段Ⅱ和阶段Ⅲ阶段反映最终的生产状态，也就是在生产条件下的生产加工，因此，阶段Ⅱ和阶段Ⅲ显得尤为重要。根据已规划的样品可供性，样机零部件应用于相应的零部件试验、发动机试验和整车试验。所有的样机阶段支持工作服务于最终验证的一个试验阶段。

作为一个例子，图 4-14 给出了带 VCT 的发动机样机-制造阶段Ⅰ的样机制造订单。除了订单分配之外，VCT-单元的图样以及其他众多的发动机图样，都交给样机采购部，这就可以联系供应商和在不同的工厂生产。当确定和检验所有的生产

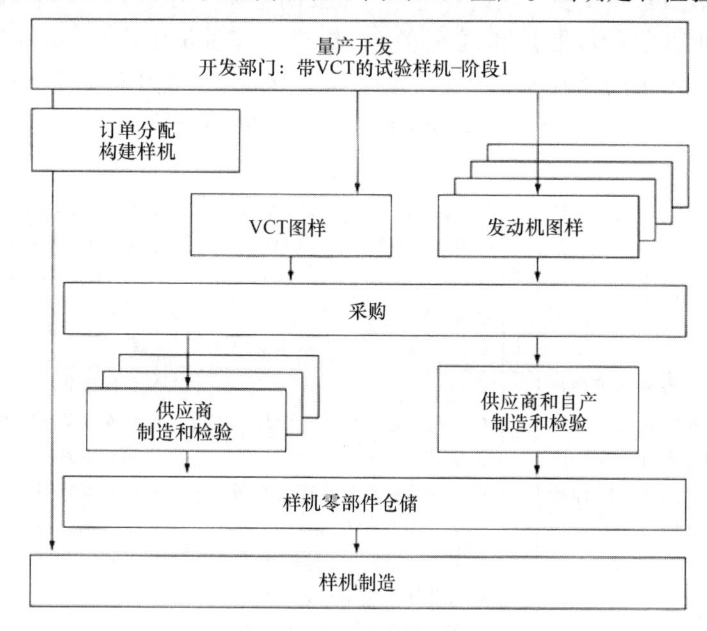

图 4-14　样机制造的订单

上的问题后，采购就要确保：所有不仅来自于自产的生产加工部门，而且来自于供应商的零部件，都会在正确的时间节点向样机零部件库供货。只有这样，才可以使含有200多个发动机单元的样机制造顺利进行。

现在，发动机样机的生产加工是如何构成的呢？首先给出制造发动机的订单和样机零部件仓储，后者支撑零部件（每台发动机大约有2000个独立的零部件）的供应。根据已规划的试验目的，在装配前对样机零部件进行测量和检验。开发工程师确定这些测量或检查的范围。典型的检验，如测量凸轮轴轴承的圆度和轴承的对中度。在密封特性方面，气缸盖密封面的表面粗糙度测量也是一个重要的措施。另一种基本的描述，如初始状态，即磨损件的测量在耐久性试验中将会用到。

检测之后，根据一个精确的、已切入到量产中的装配规程进行组装。在装配期间，一份详尽的关于公差、拧紧力矩和滑动间隙的文件是必不可少的。一旦以后发动机样机出现失效时，这份包含实际上已有的压缩版的“日志”，有助随后方便地找出原因。接着就是对每一个样件进行验收试验，这通常包含密封性检验和平均转矩的确定。试验台架的准备工作就是将发动机与进气系统、辅助设备、台架试验变速器和电缆束一起安装在台架托盘上。根据试验的类型，额外安装相应的测试技术设备。完成装配的托盘允许在试验台架上快速装拆。

4.2.2.2 台架试验

接下来的研究步骤是台架试验和专项试验方法。图4-15形象地用一个金字塔形式展示了台架试验运行过程。试验金字塔是模块化结构：首先是单个零部件试验，接着是子系统，然后才是整个系统试验。例如，如果只需一份关于连杆性能的报告，进行完整的发动机试验则没有多少意义。高频振荡试验可以给出一份关于连杆在给定的条件下是否满足耐久性规范的报告。只有当试验给出正确的结果时，才将连杆装入发动机中。另外，各个零部件的可供性都较早于发动机整机给出的话，同样，各零部件的试验就可以更早开始，因而可以缩短整个试验研究阶段的时间。

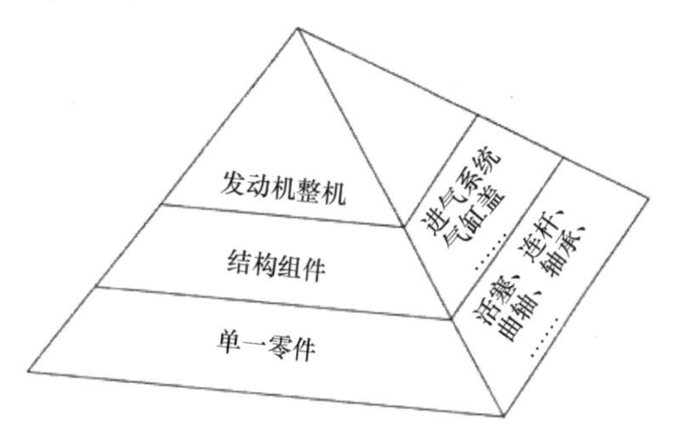

图4-15 模块化的试验结构

类似地，进行下一级：子系统的构建和试验。如带正时带的配气机构试验，这里也不需要构建完整的发动机。这里需要考虑的是用电动机驱动配气机构，以收集关于正时带耐久性受湿度和高温影响的信息。发动机舱内的高湿和高温经常会影响正时带，以至于可能会缩短其寿命。用电动机可以模拟一定数量的几个小时循环的恶劣工况，这样可以得到一份可信度很高的关于正时带耐久性的报告。

单个零部件试验以及组件试验可以由企业内部和外部（供应商）实施。两者本质上都在量产开发阶段进行，是对前期开发中的分析性计算进行早期的验证。总体上可以确定，单个零部件试验是为下列质量目标的开发和试验服务的：

- 机械强度；
- 耐久性（交变应力）；
- 耐热性。

接下来的组件试验应该是检验子系统的功能，包括：

- 由零部件构成的组件/系统如何达到质量目标；
- 耐磨性检测；
- 耐久性试验。

在结束富有成效的零部件试验和组件试验后，开始进行发动机整机试验（检查）。整机试验是用来尽早地验证在前期开发中实施的 CAE - 计算。然而，主要是在量产开发和生产验证中实施整机试验。生产过程中同样进行单个发动机的检验，以便于确保生产中的质量一致性。需验证的有：

- 发动机的性能：转矩、功率、油耗、排放、噪声和运转稳定性等；
- 耐久性/耐磨性；
- 质量目标。

事实证明，模块化试验方法具有多方面的优点：

- 在早期开发阶段，发现单个零部件或组件的缺陷；
- 在不同的安装情况下测试单个零部件或组件；
- 避免耗费巨大的发动机整机试验，或只是针对要求整个系统给出报告的情况进行试验；
- 此方法可以省钱、省时。

由于进行台架试验不仅很昂贵，而且也许还会受到许多限制，所以必须在开发规划中考虑这些因素。

此外，整车必须同样地进行验证试验。公路上的试验总是愈来愈少，现在更多是在试验室的试验台架上完成的。这种趋势是为了通过台架试验获得尽可能可靠的数据。但这也并非表明路试可以完全退出舞台，路试更多地是作为数据处理的基础（图 4-16）。值得注意的是：为了在试验台架上驱动发动机或发动机/变速器单元，试验与在道路行驶条件下的负载相对应。如节气门位置、发动机转速或冷却介质温度等参数在试验期间在道路上确定，作为数据来处理，然后进一步在 CDC 台架试验上进行仿真。因此，一个 CDC - 600h 试验对应于在道路上行驶大约 80000km 的里程。

图 4-17 给出了一辆中级车路试期间的载荷谱，在一条确定的高速公路段以尽可能高的车速行驶。现在来确定平均转速和将负荷转化成总行驶时间的比例（用% 表示）。尤其是在 4600 ~ 5600r/min 和 80% 负荷范围时，柱形十分突出。柱形的高度形象地说明了它占总行驶时间的 25% 左右，因此，很明显在路段的最大一部分中，驾驶员是以相当高的车速行驶的。

比较不同级别车型时，载荷谱的差异是很好理解的（图4-18）。小型车在4300～5200r/min和80%负荷时，在行驶的试验路段上所占总的行驶时间的比例是最高的。在相同的转速范围内，大排量的车辆负荷明显低很多。这种不同的载荷谱又可以与在动态台架上实施的，关于磨损的测定报告相联系（图4-19）。由此给出新的试验循环，可以模拟长达160000km里程的行驶状态。两种独立的试验结果可以给出发动机在极端磨损条件下的工作报告，比如说它的耐久性。

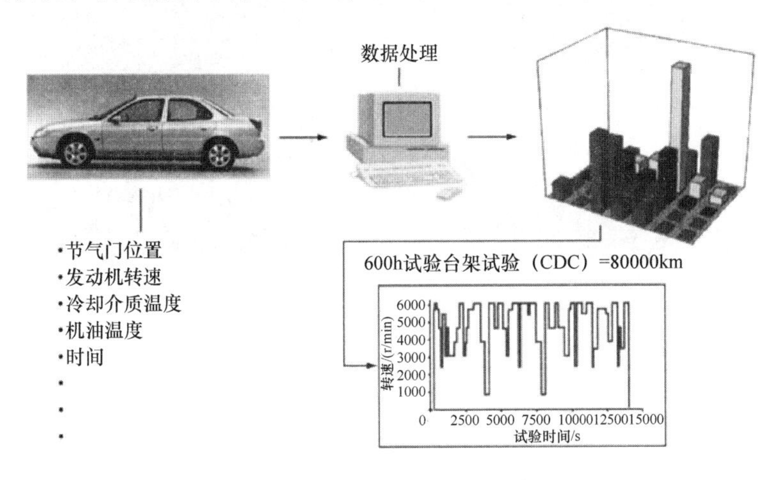

图4-16 试验开发：道路 → 试验台架

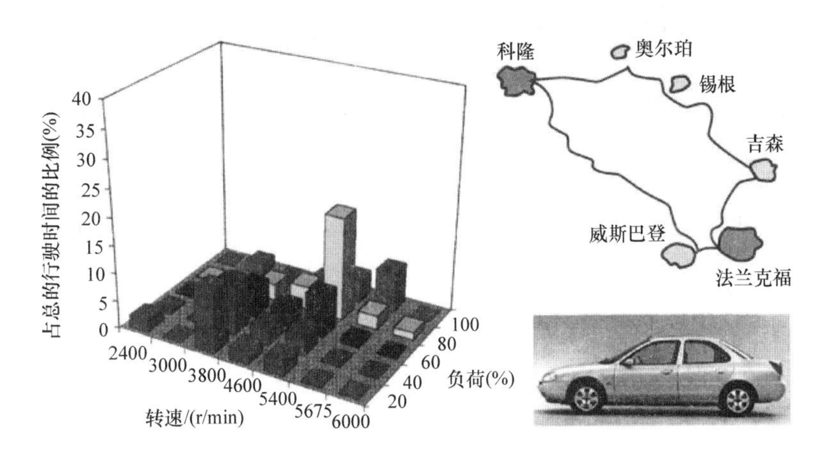

图4-17 一辆高等级车的载荷谱

另外，还要在稳态的，特别是在高动态试验台架上对发动机和变速器的电控装置的标定实施调校工作。在试验台架上的诊断可能性，以及在确定的行驶状态下的明显好很多的可重复性，要比在车辆上调校可靠很多。因为从现在开始，高动态试验台架可以置于一个既可以模拟－40°C冷起动，又可以模拟高的环境温度的环境舱中，这样不仅可以调校发动机热机运行状态，而且也可以调校冷起动后的暖机

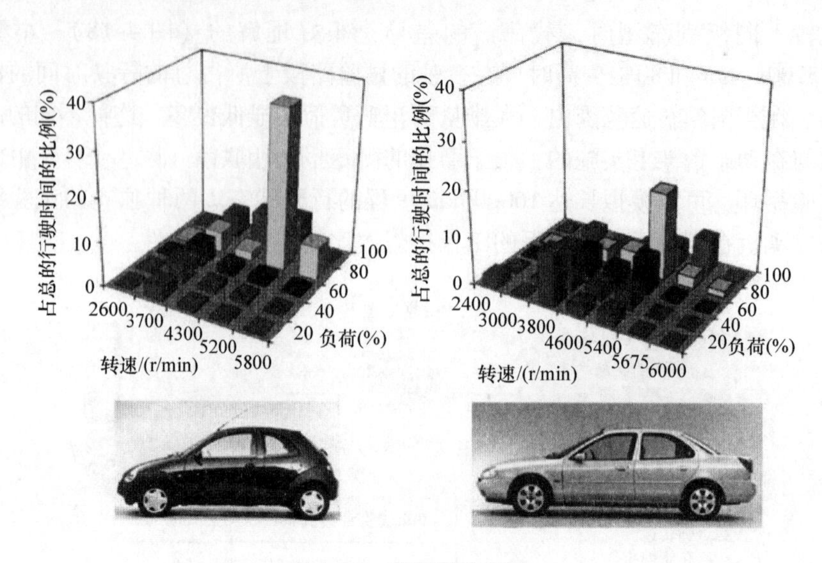

图 4-18　载荷谱的比较

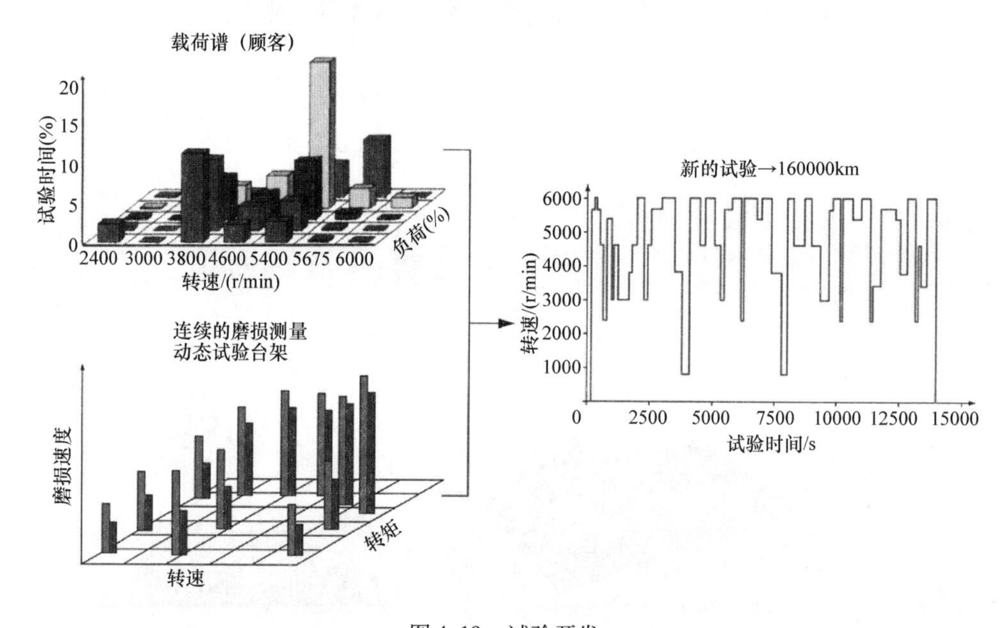

图 4-19　试验开发

过程。

另外一种检验的可能性是从车辆用户手中回购车辆。分析那些行驶里程数高的车辆，或那些在较差条件下使用的车辆，比如车辆主要在市内行驶。一种方法是拆下发动机，然后在试验台架上测出功率、排放、转矩和其他性能参数，接着将发动机零部件一一拆开，得到每个零部件的磨损数据。以这样的方式就可以为新的项目提供补充的信息。

零部件不仅在试验台架上试验，还要进行各整车厂自行开发的专项试验。这里需要工程师具备专业知识，能根据自己的经验使用主观评估准则。图4-20给出了一个专用的评价系统，在该系统中体现了主观感觉所起的作用。试验室中存放的挺柱表面将按照特定的评价指数进行评估，评价指数用数字1－10表示不可接受的和可接受的质量标准。例如，如果研究5个特征指标，受试件最大可以达到50点。图4-20下部描述了零部件的评估情况。3个评估值为3和4的挺柱不能投产，评估值为5的是一个临界状态，其余的3个挺柱质量为“还可接受的”到“好”。这种评估的主要标准是磨损标志，这里是指可见的“沟槽”（表面质量）形式。工程师根据自身的经验确定：在给定的边界条件下，何种磨损情况还是可以接受的，并同时对所出现在影响范围内的情况进行查看。

评估指数	不可接受的					可接受的				
	1	2	3	4	5	6	7	8	9	10
汽车或附件的评估	生产偏离					可接受的				
	差			顾客感觉不适	临界状态	还可接受	满足	好	非常好	优秀

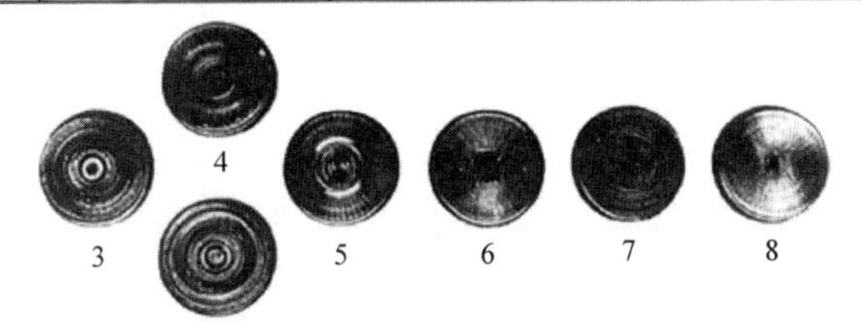

图4-20　杯形挺柱的评估体系实例

图4-21给出了不同系统的典型磨损速度。值得注意的是，在赛车上试验时显示出制动块的磨损率非常之大，这个磨损率自然是非常特别的。活塞环的磨损率在5～70nm/h之间，而凸轮和挺柱的磨损率大约是1nm/h，滑动轴承的值可能已经超过1nm/h的极限。为了得到一份可靠的关于发动机磨损特性的报告，大约需要300h的行驶里程。这种时间和成本投入都很大的试验方法并不经济。如今可以借助于放射性同位素－磨损测量技术，只需在3～10h内即可取得如同进行300h台架试验一样的测量结果。

图4-22示意性地显示了放射性同位素磨损测量装置的结构。在这种情况下，应该测量气缸套（A）和活塞环（B）的磨损量。其中，将各个零部件暴露于放射线下，以便于可以在要研究的系统的活动光谱中测到同位素，这些同位素允许对磨损的质量进行分配。例如，这里采用钴57，用于气缸套测量；采用钴56，用于活塞环测量。所产生的磨损颗粒集中在油箱中，在油箱中过滤掉同位素物质，通过一个外源泵使油在带一个流量测量探头的回路中循环，在测量探头上可以测量处于油

中的活塞环－磨粒量，如同盖格计数器一样。另外，也必须要确定集中在油滤器中的磨粒量，这里用的是带一个过滤器－测量探头的分离式过滤器循环回路，两个测量装置可以一起准备，并可以评估两个需研究的元件的磨损情况。同位素的能量谱也可以应用到各零部件的磨损测量上。

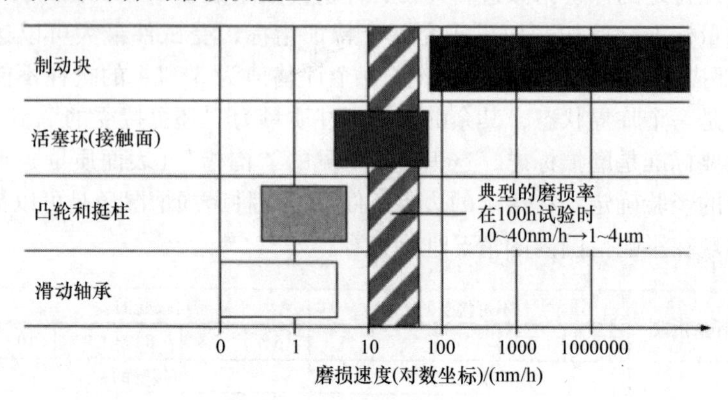

图 4-21　典型的磨损速度

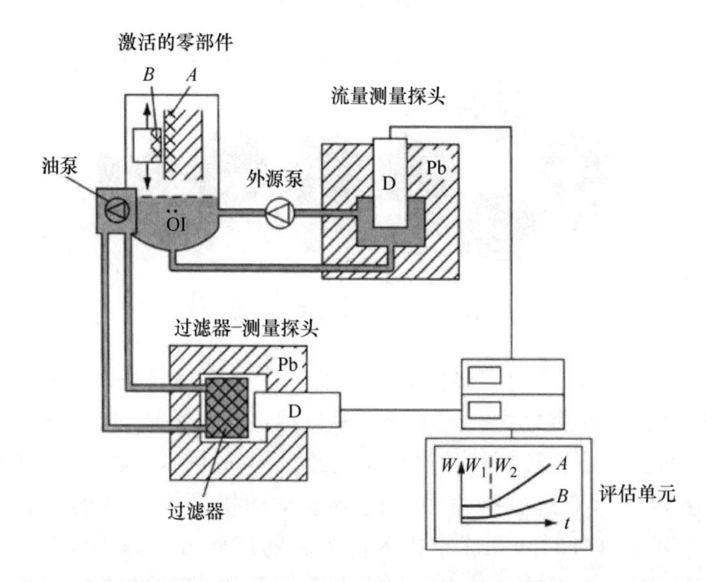

图 4-22　放射性同位素－磨损测量原理

放射性同位素－测量技术不仅仅只有快速给出结果的优势。比如进行 300h 的台架试验时，对第一个小时内的磨损情况（磨合运行特性）得不出什么直接的结果，而用放射性同位素方法很容易做到这一点。用这种放射性同位素方法可以得到磨损特性场，以及进行所谓的敏感性分析，这样就可以检测不同物质对它的敏感性。在下面应用领域大量地采用这种方法：

－ 摩擦系统的优化；

- 系统布置设计；
- 表面特性；
- 材料副；
- 公差配置；
- 磨合运行特性的研究；
- 与磨损相关的试验项目的开发；
- 润滑油的优化；
- 在磨损仿真方面对 CAE 建模的支持。

放射性同位素 - 测量技术具有以下特性：

- 非接触、连续测量各个零部件的材料磨损；
- 实际运行条件下测量；
- 磨损特性与运行条件的对应关系（磨合、冷起动、负荷 - 转速 - 特性）；
- 灵敏度高；
- 适用于所有钢铁、有色金属、烧结合金和陶瓷。

作为应用实例，图 4-23 给出了 3 种挺柱变型的磨损测量结果。在整个速度范围测量磨损，很明显，在 1000 ~ 2000r/min 的低速范围内磨损更加严重，同时磨损率也快速增长。假定约 10nm/h 作为非关键的磨损上限，大约 300nm/h 则对应于 160000km 的行驶里程。

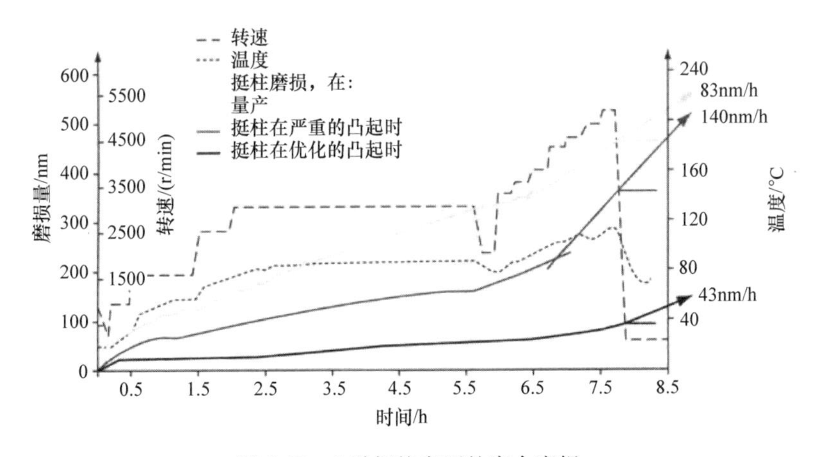

图 4-23　3 种挺柱变型的磨合磨损

从图 4-24 中可以看到配气机构的磨合运行特性。其中，运行时间给出了确定的转速和不同的负荷的行驶情况。值得注意的是，凸轮轴的磨损明显地高于挺柱磨损，其原因当然在于凸轮尖端较小的半径。同样，材料副和磨合运行特性也影响磨损。在发动机开始运行的几分钟内磨去了所谓的表面凸起，在接下来的运行时间内磨损明显低很多。

基于这些研究构建了磨损特性场，图 4-25 给出了高位活塞环的特性场。与凸轮轴的研究完全一样，活塞环在低速和高负荷范围磨损率增加，而在其他工况又降低了，这是由于很高的燃烧压力对活塞、活塞环和气缸套所起的作用。同时，在低速下，流体动力学的机油油膜还不能像高速时那样如此完整地形成。而在更高的转速下，克服惯性力抵消了气体压力，这对减小磨损率起到了积极的影响作用。

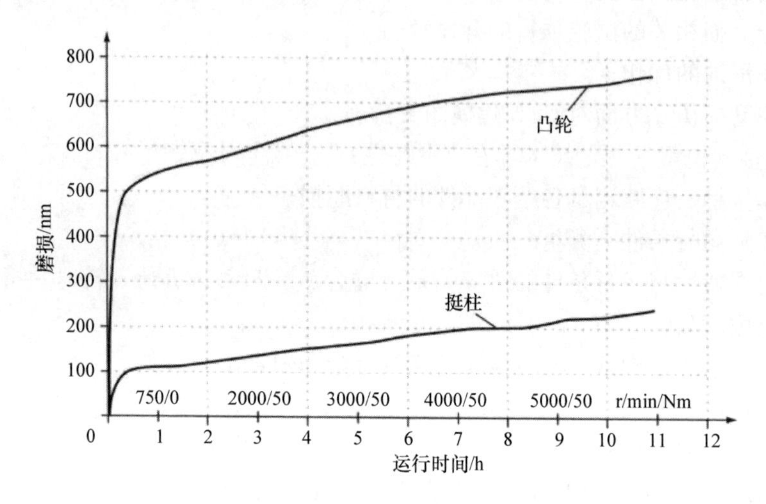

图 4-24　配气机构的磨合运行特性

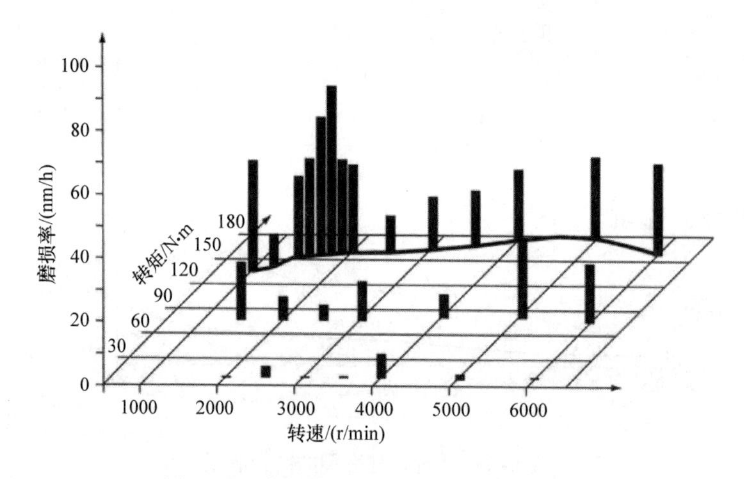

图 4-25　磨损特性场：活塞环－缸套表面

机油温度也影响磨损特性。图 4-26 显示了凸轮和挺柱磨损速度在不同转速（2000r/min 和 6000r/min）时与机油温度的变化关系。随着温度不断升高（超过 100℃），磨损速度也增大，如果超过了设定的极限值，就必须使用机油冷却器，以降低机油温度。

下面总结了放射性同位素－磨损测量技术的优点：

- 改善了对磨损机理的认识；
- 缩短了磨损试验时间；
- 减少了开发成本；
- 细化了磨损与运行条件的关系；
- 可靠地确定发动机零部件使用寿命；
- 有目的地提高润滑剂、过滤器和冷却系统的功效；
- 开发与磨损相关的试验策略。

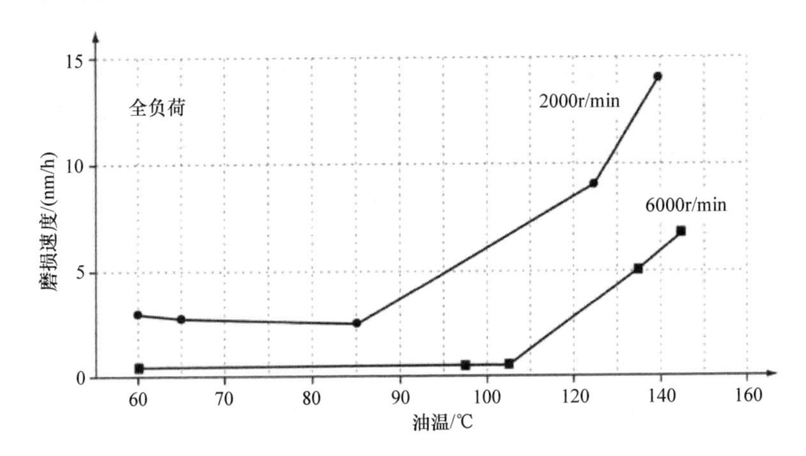

图 4-26 配气机构（凸轮和挺柱）磨损随转速和油温变化的变化

4.2.2.3 整车试验

同样，毫无疑问的是要进一步推进缩短整车试验时间。要对“汽车”产品的质量做出最终的评价，就必须如前面所述的那样得对车辆自身进行评估。驾驶者感到车辆加速是好还是不好、振动是舒服还是不舒服、对噪声是积极地感受还是消极地感受、车内的空调是否宜人，以及底盘调校是偏向运动性还是舒适性，这些都只能坐进车里才能完整地感受。

要按照“操控路线”，包括不同的弯道、上下坡以及各种路面状况（柏油路、鹅卵石）来检测和评估底盘质量。另外，需验证的车辆还要在高速－试验路段上进行试验。

与在试验台架上进行发动机试验类似，车辆试验除了分析性结构设计的精细验证外，还要在运行状态以及边界条件（反映一个特殊的负载和借助于计算机模型不能足够精确地模拟）下检验各种功能，如车辆在环形车道上进行机油起泡试验，机油泵和油底壳的吸油管的结构设计必须保证在车辆极端的状态下，一方面在最低油位时尽可能无缺陷地吸油（不含空气），另一方面在最高油位时，为了在机油中达到低的气体含量，避免机油中产生过量的气泡。

同样，如前所述，在试验台架上也并不能完全模拟极冷或极热工况的影响作用。只有在美国亚利桑那州进行的整车热环境试验，或在奥地利大格罗克纳山进行的挂车试验才能给出最终的可靠性结论：比如车辆在极热条件下以低速重载牵引挂车行驶，而此时风速冷却条件不佳时，整车的冷却系统和发动机的冷却系统能否胜任。

整车试验大部分是在转鼓试验台架上进行的。在特定的行驶循环（如欧洲的行驶循环，比较图3-6）下，测量车辆的油耗、有害排放物、噪声、温度和其他运行参数。

自从1996年1月1日起对于新车的准许上市，将基于新的欧洲行驶循环来确定乘用车的油耗。除了可以得出精确的速度图形的试验循环外，也精确地定义了带手动变速器的乘用车的换档时机。由于这也同时规定了驾驶员的驾驶方式（换档特性），因而这个换档时机点的定义特别重要，一旦偏离了确定的换档特性，其油耗就完全不同了。一个相当注重运动性的驾驶者常常喜欢尽情地供给最大的加速裕量（超越），因此，发动机转速不再低于3000r/min，一辆1.6L发动机和5档手动变速器的福特蒙迪欧（Mondeo），油耗达到8.8L/100km。而按规定的换档时机驾驶时，官方给出的油耗为7L/100km。这里可见，单是换档的方式和方法不同，油耗可以增加26%。还是按照官方的行驶方式（7L/100km），相比之下，理想的经济性驾驶者行驶油耗同样有着相当明显的差异。理想的经济性驾驶者按照试验循环（速度谱）行驶，然而总是使用尽可能最高的档位，并在稳定的车速时，发动机转速在1200~1500r/min之间运行，油耗只有6.5L/100km（改善了7%）。

这种比较清楚地解释了为什么清晰地定义换档时机是十分重要的。另一方面，顾客的驾驶方式（这里是指换档方式）给油耗带来多大的影响也是显而易见的。采用自动变速器，尤其是机械式自动变速器（5档或更好的6档，AMT），将手动变速器高的机械效率，与通过智能的发动机-变速器控制装置进行油耗优化的换档控制相结合，可以在改善动力性的同时，为改善经济性提供了较大的潜力。在新的欧洲驾驶循环中，并没有规定采用自动变速器的乘用车确定油耗时的换档时机，换档时机取决于制造商按照标定（协调）来选择的发动机-变速器控制策略。

在转鼓试验台架上除了测量油耗和排放外，还可以进行耐久性试验和调校检测。同样，也可以有效地测试发动机的响应特性。

4.3 生产加工流程规划和实施

生产加工流程开发与产品开发同步进行。在进行生产加工开发中，生产加工的规划起着基石的作用。其过程还包括在流程规划和随后在实施规划中的可行性分析。流程规划可以通过3个例子来加深了解。图4-27显示了一台V型发动机的气缸盖加工、凸轮轴加工以及气缸盖装配。

在同步-工程-流程（SEP）框架范围内，产品开发和生产加工之间的意见交

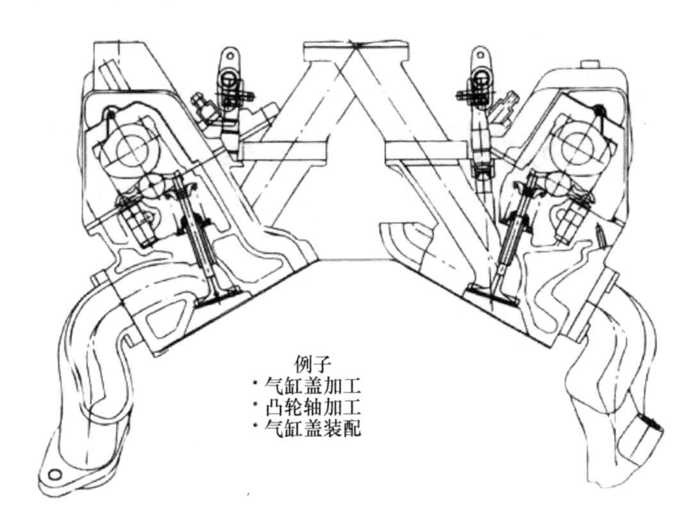

图 4-27 流程规划

流对机加工设备规划是相当重要的。以这样的方式不仅可以关注以生产加工为导向的结构设计，而且也可以考虑各个流水线和机加工设备机器的模块化构建的可能性。

图 4-28 给出了相关的机加工设备布局的结构形式。在预制的模块中既有工具导轨（带夹紧装置）又有底座和电气开关柜。

图 4-29 给出了工位的模块化结构。中间和侧面的部件由预制的元件构成，这些元部件在每个工位重复出现。

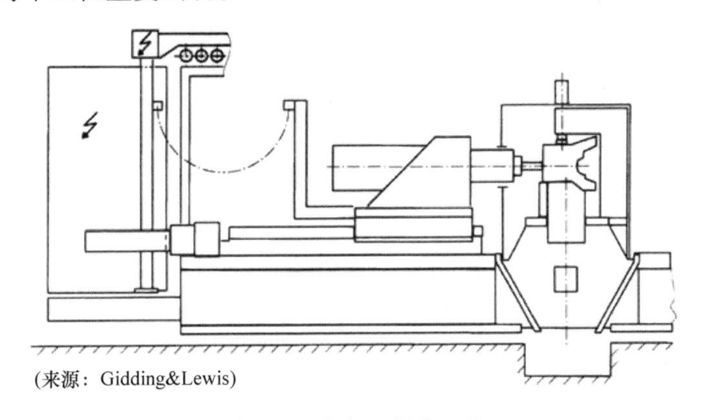

图 4-28 机加工设备工位

下面以气缸盖生产线为例进行说明。生产加工流水线的布局要求各加工过程的分布采用单独操作方式（图 4-30，OP20 到 OPn）。除了加工处理，还要将各步骤链接起来，也就是要考虑可能需要的测量过程和控制过程中的输运环节。

图 4-31 显示了参照气缸盖图纸的加工步骤。进气道和燃烧室浇铸而成，无需

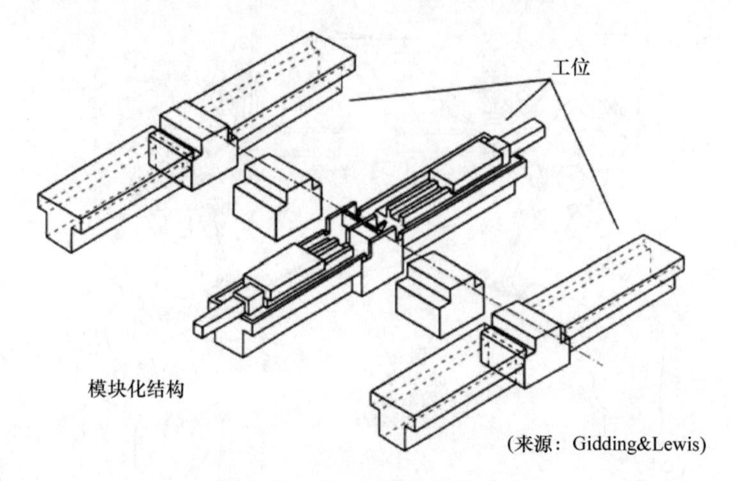

图 4-29　机加工设备结构设计

操作	OP 20	OP 30	OP 40	…	OPn
工序					
切削(干，湿)					
装配					
去毛刺					
清洗					
输运					
托盆，运输车					
装载，卸载					
库存					
测量					
测量控制					
100%-测量，SPC					

图 4-30　气缸盖生产线布局设计

另外加工。对液压自动调整气门间隙元件的位置，必须先钻孔，然后再沉孔，最后再用铰刀实现精加工，要磨平表面并车出螺纹。为了能规划相应的工件加工，要列出每个操作的各自的清单。

加工工序又是怎么样的呢？每个步骤都有一个可以实施加工的确定的公差带（图 4-32）。例如，对浇铸表面，只能达到 ±0.5mm 的公差，如果想要在这个位置达到公差 ±0.01mm 的话，只有浇铸是远远不够的，在加工工序中还得安排其他的加工步骤。类似地，长度 200mm 的铣削可以达到 0.08mm 的表面精度，对这种公差的考虑会决定机加工设备的布局。

基准孔是加工过程设置中一个决定性的参数（图 4-33），它决定了工件加工过

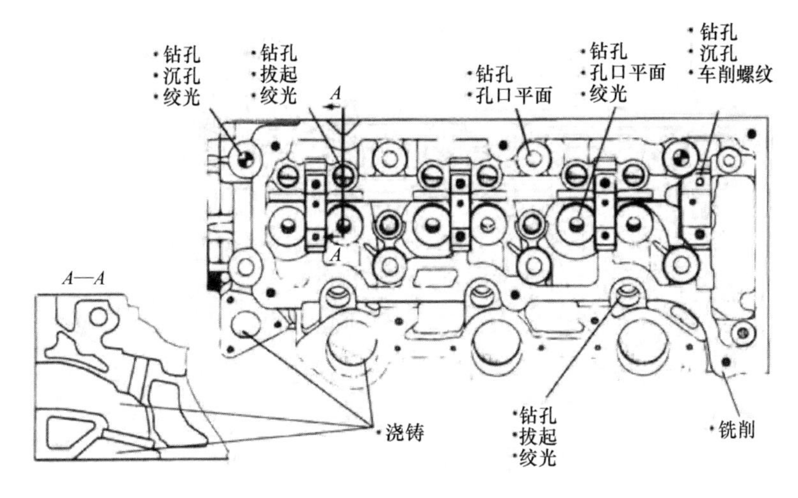

图4-31 加工过程

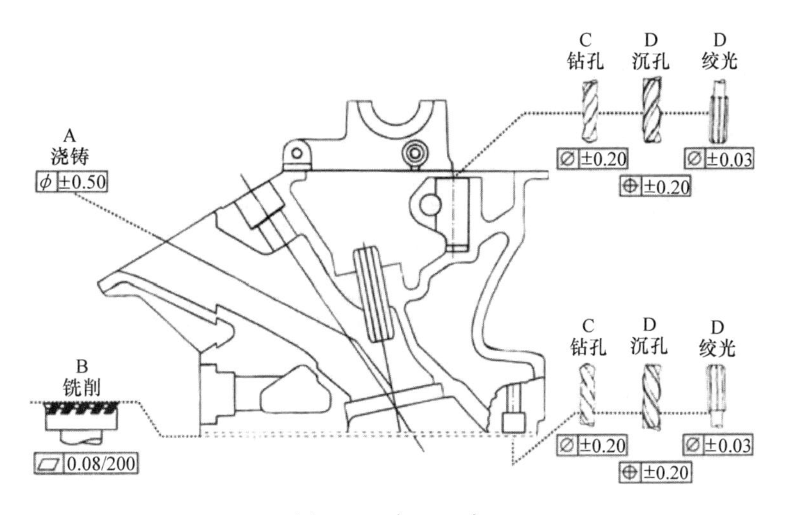

图4-32 加工工序

程的实施。除了基准孔外，夹紧装置要这样来造型设计：要保证加工工件的正确导向。前面例子中讲了如何选择燃烧室中的夹紧装置。这有助于设计公差结构，以减小不同燃烧室之间排量上的差异。

现今有二种不同的加工方式可用。图4-34为常规的加工方式，左侧的铸件铣削加工后公差达到 $\pm x_1$，在燃烧室区域，则需先粗铣，然后精铣，铣削后公差则可达到 $\pm x_2$。各工序中公差的叠加在这种常规的加工中是不可避免的。与孔径相比，燃烧室公差可能相对而言大了很多。

优化的加工过程设置就是要在浇铸件上先铣出基准面（图4-35），其中还要确定燃烧室的设定尺寸和实际尺寸。根据工件的情况，测量控制可以优化铸件的粗铣

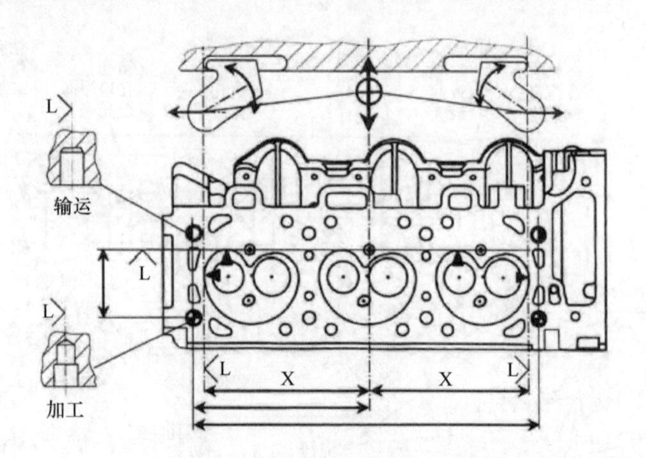

图 4-33　带基准孔的加工过程设置

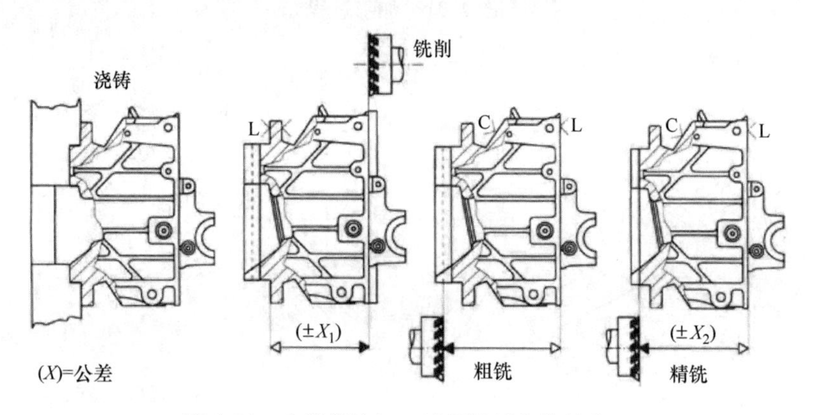

图 4-34　在常规的加工过程设置中的基准面

和精铣，以此来减小公差。每种新的机加工设备的布局设计都应包括这个测量控制，以确保可以减小燃烧室的公差。

图 4-36 显示了每个工件如何从一个工位运动到另一个位的一种变型。这种升举和输运方式现今得到了广泛的应用。工件经历 4 个输运步骤：包括举起、前行、降落和回走。与最后一步同时进行的是下一个工件的举起。在这种方式中，用来输运和安放的孔是另外加工的，也就是说这种方法还需要额外的加工费用。

另一个系统就是所谓的轮轨，也就是带轮的输送带，在轮轨上运输工件。图 4-37还给出了一个小的中间存储器，这对短期故障时的处理是需要的。通过这个中间储存室使得在时间上有可能借助于一个装置提取单个工件，然后输运到一个独立的加工工位。

图 4-38 概括了对链接布局设计和自动化技术而言非常重要的参数，同时也标出了生产部件、生产机加工设备和材料物流之间的关系。生产部件由尺寸、重量和预定的质量规格来确定。生产机加工设备需要包含输运、加工位置和节拍的规范。

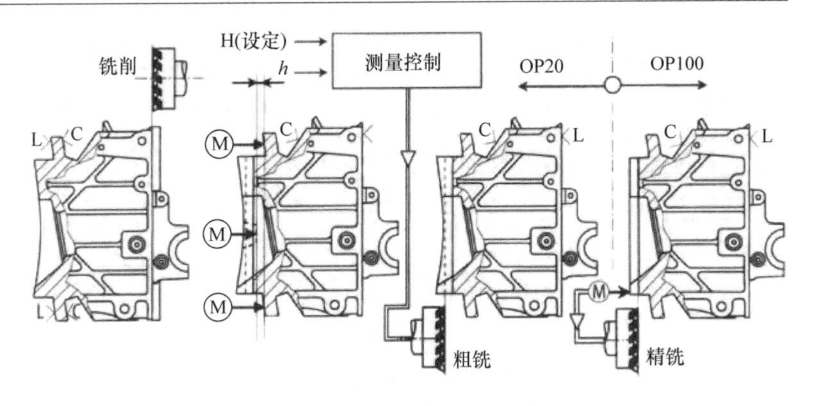

图 4-35 优化的加工过程设置

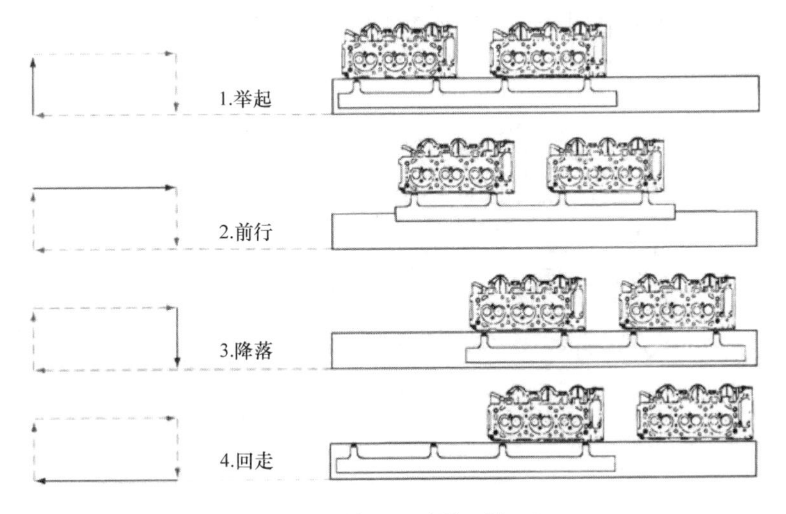

图 4-36 输运（升举和输运）

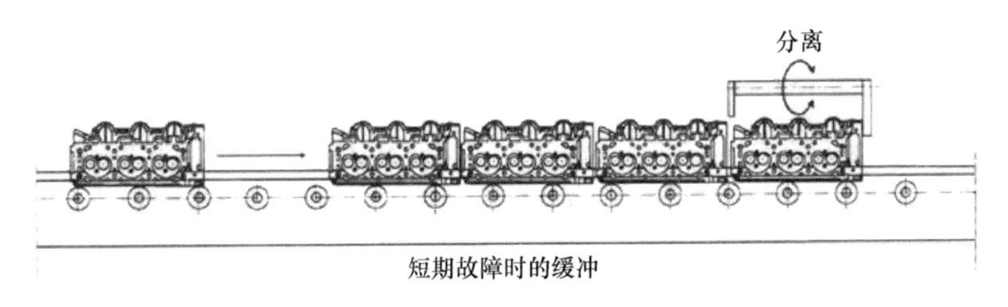

图 4-37 在轮轨上的存储器

车间布局必须经过设计，以便提供优化的材料物流。实施时间和交货同样也起到决定性的作用。生产部件、生产机加工设备和材料物流这三个系统确定了装载和卸载、输运和中间存储的自动化流程。

如何布置加工工具呢？图 4-39 以气缸盖为例显示了气门座环和气门导管的加

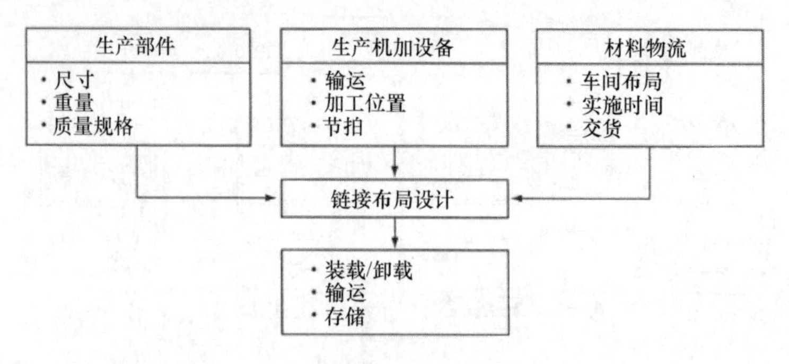

图 4-38　自动化技术

工过程。工件在独立的工位的加工位置上都有一个 11°的倾角（图 4-40）。加工次序包括进排气道车削、气门导管钻孔直至半成品加工和随后的精加工。

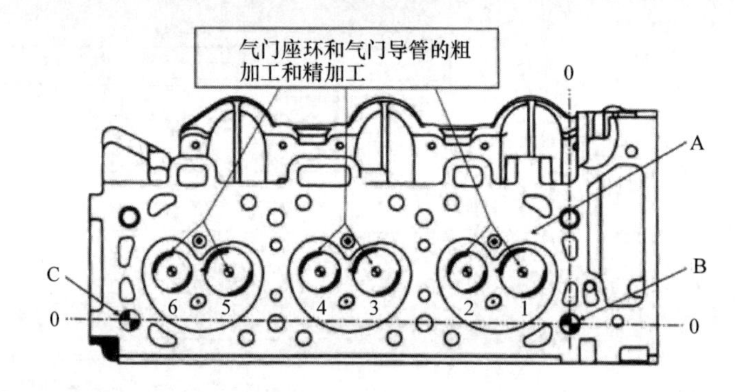

图 4-39　气缸盖的工具布局设计

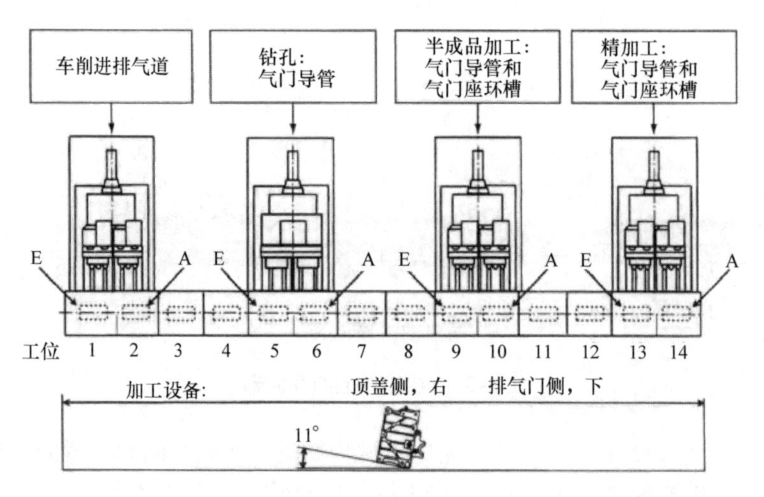

图 4-40　在第 70 步操作（OP70）的独立的工位的工具布局设计

所显示的气门座环加工对应于 SOHC – 气缸盖加工次序的过程链中的第 70 步

操作（图4-41）。就流程规划而言，就要将整个过程拆成各个步骤。这样一来，工件的加工过程和装配过程的边界条件才清晰可见。只有这样，才能精确确定每个步骤的次序。

在加工规划和工具规划布置设计好了之后，就要考虑一个详细的流程规划的装配过程了。图4-42给出了装配过程的步骤，这里，原则上自动装配（内循环）和人工装配（外循环）之间必须加以区分。以分解成单独的一个过程为出发点，确定装配次序。关于节拍的确定，所需的装配步骤汇总到各个操作中。在自动操作的情况下，装配循环需要准备好零部件，而人工操作中，必须考虑工作场所的符合人体工程学的布局设计。对于这两种装配方式，制定质量规划则十分重要。

图4-43显示了气缸盖与所需的主要零部件的装配。从图4-44中可以清楚地看到气缸盖拆分成各个步骤的气缸盖装配次序。

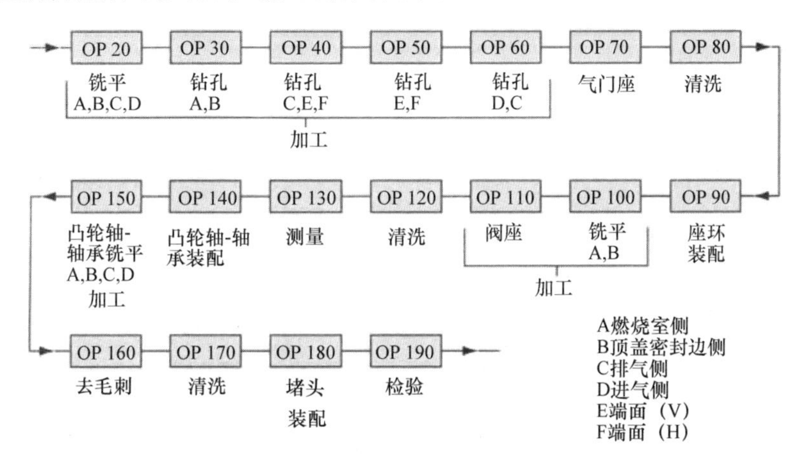

图4-41 SOHC－气缸盖流程规划

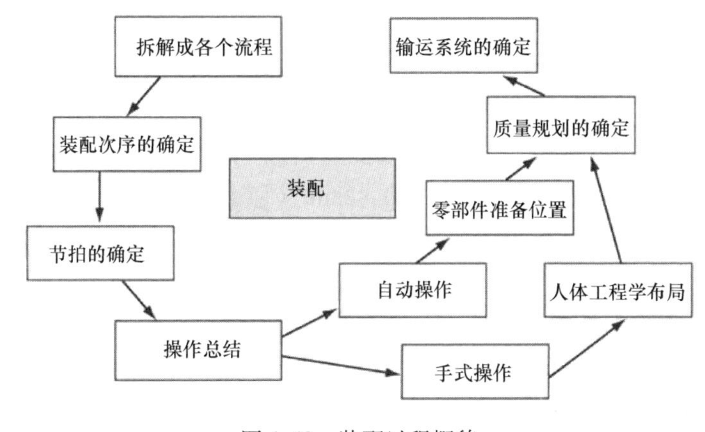

图4-42 装配过程概貌

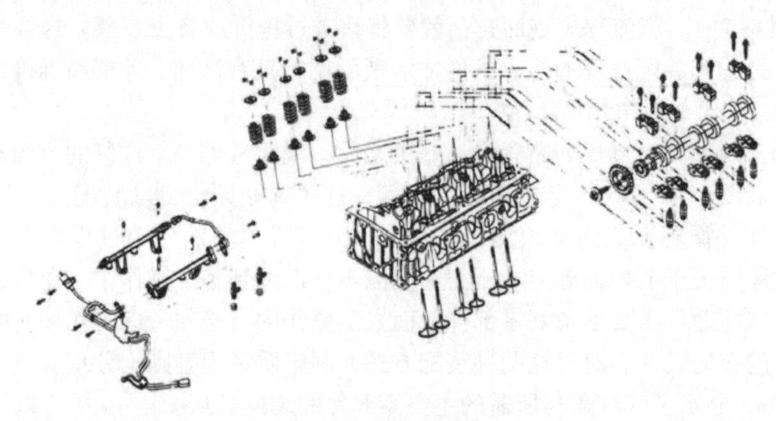

图 4-43　气缸盖的装配

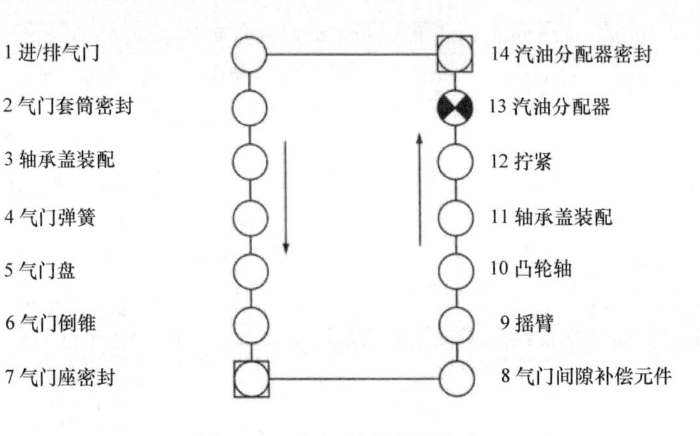

图 4-44　气缸盖的装配次序

对于自动化装配，机加工设备的布局设计需要机加工设备节拍 T 的知识。所需的公式：

$$T=\frac{P\times A\times U\times 60}{V\times 100}$$

已经在第 3 章 3. 3 节的图 3-97 中给出。225 个生产天数和每天 22. 5 工作小时时间，按 95% 的正常运行时间计算，节拍为 0. 82min（原书为 0. 42min）的机加工设备对一台 V6 发动机而言，一年可以处理 350000 个单元。在装配过程中，节拍也分为主要时间和次要时间。图 4-45 中，主要时间在总时间为 25. 5s 的机加工设备节拍中占了约一半。其余时间有必要用来启动系统、将安装盘移动到装配单元，同时安装盘从装配单元件中移出再向另一侧运动。另外，阅读数据和编制索引也要提前完成。接下来就是在主要时间之后，以相反的顺序重复相同的操作。

质量保证是发动机装配过程中的重要方面。预装时，例如对于短气缸体，即将所有装配件如油底壳、活塞、活塞环和连杆等统统装在短气缸体上。图 4-46 给出

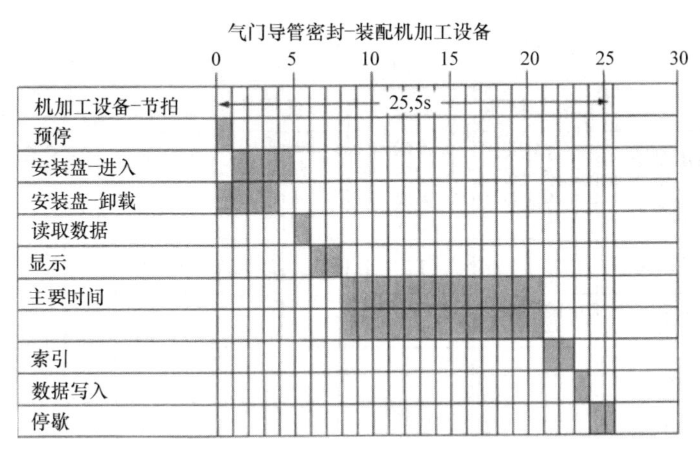

图 4-45 机加工设备布局设计

了这个装配单元的循环和对主装配的要求（工厂布局）。与之平行的是气缸盖装配，同时，为了总装配也必须输运气缸盖。当这两个部件满足了规定的质量标准时，才作为主装配的部件继续供给。所以，不仅在气缸体装配，而且在气缸盖装配中，实施持续的过程监控是十分必要的和十分重要的。此外，同样当气缸体和气缸盖满足所有的要求，在组装后整个系统性能上有瑕疵，如气缸盖密封可能受损，从综合质量保证来看也是要剔除的。以这种方式，通过功能测试，可以最大限度地排除缺陷，只有这样才可以进行总装配。

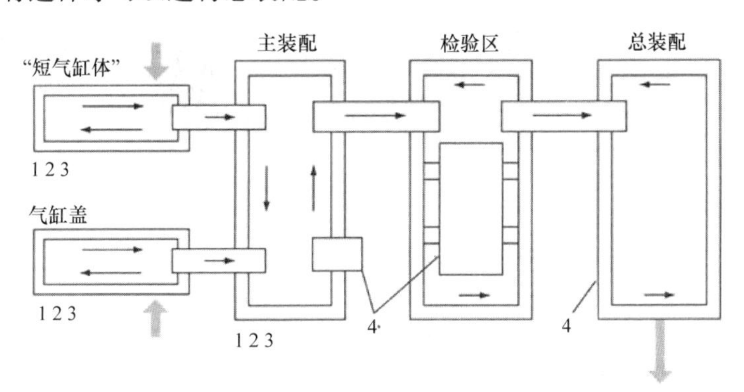

图 4-46 带综合质量保证的发动机装配

1—维度测量 2—流程监控 3—在线和装配位置 4—性能检验

总装配后发动机还要进行一次性能测试。其中有两种不同方式：即所谓的热试和冷试。采用点火的发动机进行热试，这是迄今为止经常使用的试验方法，如今越来越多地被非点火发动机试验所取代。冷试不仅适用于完全装配好的发动机，也适用于其子系统，如配气机构或曲柄连杆机构。图 4-47 给出了两种方式中哪种适应于哪种缺陷辨识。

除了生产过程的设计之外，生产加工团队的投入和良好的互动是富有成效的生

	通过冷试和热试辨识缺陷				
	曲柄连杆机构	润滑	燃料	冷却	电子电气
零部件缺陷	冷试 热试	冷试 热试	冷试 热试	仅热试	冷试 热试
错误的装配	冷试 热试	冷试 热试	冷试 热试	仅热试	冷试 热试
系统性能	冷试 热试	冷试 热试	冷试 热试	仅热试	冷试 热试
功率	冷试 热试	冷试 热试	冷试 热试	仅热试	冷试 热试
排放	–	–	–	–	–
NVH	冷试 热试	冷试 热试	–	仅热试	仅热试

图 4-47　发动机总装配后的性能检验

产加工的决定性的前提条件。图 4-48 表明，团队成员中有约 80% 左右的是专业人员，另外 20% 的人员为了不同的流程实施而专门进行培训。专业人员包括能量装置电子技术人员、机修工以及液压设备人员、机加工技术人员和工具制造商。

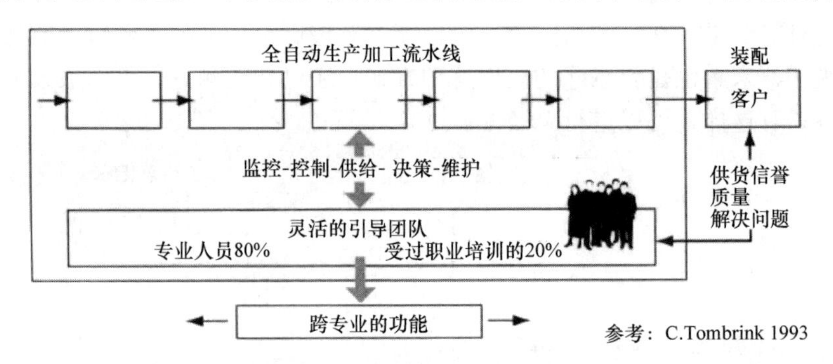

图 4-48　在生产加工过程中的通信和责任结构设计

团队合作（小组工作）功能全面、责任自负，也就是说，每个员工都有机会根据协议来影响彼此确定的过程。在团队的方案中包括了监控、控制，给出决策和维护，直至将产品送达用户手中的所有过程。各人更大的决策自由空间也同时意味着更大的责任感。

这种责任自负的团队的整合，本质上是现代生产加工的重要组成部分。每个人的自我实现和由此带来的激情会赢得提高生产率的额外潜力。

4.4　生产的验证

所有的生产加工设备安装后，必须要对其进行检测，以判断是否满足规定的质量标准，这属于生产验证的框架范围。

生产验证包括所选择的、用大批量生产 - 生产加工流程制造的发动机试验。这里还会从适用于批量生产的流水线抽取零部件。发动机必须进行下列台架试验：

- 磨合试验和机油消耗试验；
- 600h 耐久性试验；
- 180h 高速运行试验；
- 气缸盖密封性试验（温度突变）；
- 炽热点火试验；
- 活塞专项试验（温度突变）。

除此之外，还要进行相关的、独立的整车试验验证：

- 40000km 的高速公路、乡村道路和城市运行；
- 16000km 的高速公路行驶；
- 2000km 的行驶性能评价。

只有顺利通过以上各种验证试验，才能批准启动生产。

第5章 展　望

“我们生活在这样一个时代，科技变革的节奏越来越快。… 不断增长的变化率会对你产生影响，不管你以什么为生。”

Andrwas S. Grove
Intel CEO

市场的变化、技术的转变、产品的塑造以及生产加工流程和物流，都将越来越多地决定着汽车工程的开发。所有的这些流程的变化都是基于顾客的愿望、环境的影响和为了提升一个企业生产率的措施。目前，日益发展的趋势是零部件的集成和模块化。

创新将决定各个企业之间的改进措施和改进可能性。中央控制模块可看成为一个创新推动的例子。在当今的车辆里，仍在很大程度上只能执行单一功能（例如发动机的控制，变速器的控制，或自适应的底盘布局设计）的模块越来越多地集成在一起，在一个电子总模块中实现所有的功能，并且通过 CAN 总线系统，与之相关的必要的信息便能在车载网络中里得以交换。

而在硬件方面，这种增长的集成方式也将越来越普遍。例如系统模块里的润滑油模块，除了过滤和润滑油冷却外，也把润滑油油泵和压力控制阀集成到一个独立的系统里。另一个示例是将发动机进气歧管、燃油喷射系统、空气滤清器、执行器、传感器和发动机控制模块合并成一个集成的进气模块。这些系统是在系统供应商那从结构设计到生产加工的过程中创建的，由此需要与汽车公司密切合作来定义和开发系统功能，尤其是与系统“发动机”的接口。系统供应商负有总体责任，并且对子模块的生产率负责。为了保证能够跟上汽车工业设定的高期望值的脚步，这些供应商就必须提高他们的开发能力。

由于顾客期望值的提高，不仅在开发过程，而且在生产加工过程中的复杂程度都提高了。由此，降低开发成本和开发时间的压力也就越来越大了。首先，为了协调那些自相矛盾的要求，必须尽早地做出项目决策。新型的计算机仿真模型首先可以用来对解决方案进行估计。而虚拟样机的开发使理论与实践更加紧密地结合在一起。所以说，对于流程进行优化的关键性步骤在很早的阶段中里就已经进行了。

同样，未来的开发重点将把降低油耗放在首要位置。通过优化现有的生产材料和使用新型的生产材料（尤其是铝、镁和纤维复合材料）的轻量化方式，显示出了在减轻重量方面的潜力。对当今材料灵活利用方面的改进，同样也可以做出决定性的贡献。

进一步的改进是对开发方法的探索。同步工程团队不仅支持供应商的基本工作，内部开发和生产加工，而且还要为一个产品的整个生命周期提供服务，并且不仅能为产品而且也在生产加工和开发流程中不断地引入改进措施。随着将其他开发活动转移到供应商，对系统集成的掌握将成为整车企业必不可少的竞争因素。

软件的使用方面也有一个决定性的变化，并将进一步取代当今以硬件为导向的对效果显著的差异化的评估。借助于新的软件程序，现行的产品将得到所谓的升级，并将通过此过程达到一种更新的技术水准。这方面的进一步的发展将是分析性的产品开发和流程开发，以及在项目管理中的软件使用方面的一个更好的差异化，从而针对顾客愿望进行优化设计。

不仅是新功能的集成，而且还有更多的对大量产品特点的均衡，从而对这些特点的优化在未来也起着决定性的作用。可以向顾客全面提供这种关于技术、耐久性、可靠性、经济性和环境保护方面的优化的企业，将拥有决定性的竞争优势。因此，汽车工业必须越来越多地专注于它们的核心竞争力上，即系统集成。同时，零件供应商也必须着力于加强自己在所谓的系统模块或集成模块开发方面的核心竞争力。市场要求汽车工业确保以尽可能好的方式，来将这些不同的模块集成到一个以符合顾客期望为定位的优化的总系统中。

除了集成和在总系统里的核心竞争力外，另一项变化就是各个企业加强在全球范围内的实力，而若缺乏相应的企业结构的匹配，这是做不到的。不仅在开发，而且也在生产加工领域，产能和效率都必须继续地得以提升，这就要求有越来越大的灵活性，能够对瞬息变化的市场需求做出快速的反应。这方面，CAE 将成为决定性的重点，它能够通过缩短开发时间和相应的仿真分析来进行优化，在首次硬件检验试验之前确定设计。

此外，与以前相比，未来企业之间的联合更有必要，它可能是在不同的层面上，可能是作为一个整体企业，或者仅仅是与零件供应商共同开发一个单一的部件。目前，通过平台战略或所谓的共同 - 包络 - 战略（对发动机部件而言定义为共同领域），已经可以识别出与预期合资企业有关的方法。对于整车或发动机系列使用尽可能多的相同的零部件是具有决定性意义的。从发展眼光来看，零部件要同质化，以便不仅使一家汽车制造商能在不同的汽车系列里使用，而且零部件也应能在不同的汽车制造商之间互相通用。如果由于顾客的期望需要特殊的零部件而不能用通用件来代替的话，灵活的数据库则能够提供帮助。这样的数据库可以针对所有主要零部件，在电脑上可自动地通过参数变化快速地创建一个零部件，并且同时将数据传递到生产加工线上。

从生产加工方面来说，如今的设备基本上将会保留下来。然而，由于技术的整体进步而持续不断地开发的机加工设备，将会专门针对各个项目的要求量身定制。对于柔性生产加工系统的投入的一个重要先决条件，是对相应的机加工设备方案的优化，由此可以看到一种单主轴或双主轴的高速加工和干式加工的趋势。对线性或是旋转驱动设计方案的选择，取决于当时的使用场合和经济条件。对于所有导轨、铣削或磨削操作，直线传动的优点是显而易见的。精益的机加设备布局就要求带标准化和模块化的单元和接口。设定的目标可以通过提高在高加工精度下的产量和相应的工具加工装备的使用寿命来表征。

高的动力性，即在加工和辅助功能的实施上的高速度和高加速度，可以缩短主要时间和辅助时间，以及缩短工件的时间和费用。通过缩短更换工具时间和缩短排除故障的时间以及减少故障，是提高设备利用率的基本前提。采用灵活的设备来缩短转换时间将支撑这些措施。带有自动的尺寸补偿校正装置和通过流体或离心力控制的调节装置的智能工具，正在越来越多地投入使用。更高的切削速度取决于材料、加工和所要求的质量。提高切削速度将不会受到限制，它达到一个相对的大小并且按照加工方式做出不同的调整。减少润滑剂将变得越来越重要，其中，干式加工可以作为最终的解决方案。

总的来说，可以确定通过相应的措施，可以实现产量的进一步提升。决不要由于现存的制约就认为经营范围已经耗尽了，而是应通过在所有领域内不断地开发，可以期望会取得更多的进步。

无论是在开发方面还是在各自的生产加工战略方面，进一步开发的要点是一个企业员工的能力。只有通过对员工进行相应的技能培训，企业才能取得竞争的优势。对员工的培训不应只局限在不同技术工作领域的核心技能上，除此之外，还必须包括相当程度上的团队能力的可能性，以及系统集成所需求的措施。一个企业若能为每个员工提供全面的培训和进修的话，将会取得决定性的领先地位，并能够将其转化为市场优势。